湖南省少数民族古籍整理研究中心规划

主 编 万建中

湖南少数民族民俗文化研究丛书

民居民俗

罗康隆 何治民 著

湖南大学出版社 · 长沙

图书在版编目（CIP）数据

民居民俗/罗康隆，何治民著 . —长沙：湖南大学出版社，2020.11

（湖南少数民族民俗文化研究丛书/万建中主编）

ISBN 978-7-5667-1822-8

Ⅰ.①民… Ⅱ.①罗… ②何… Ⅲ.①少数民族—民居—建筑艺术—介绍—湖南 ②少数民族风俗习惯—介绍—湖南 Ⅳ.①TU241.5 ②K892.464

中国版本图书馆 CIP 数据核字（2019）第 266337 号

民居民俗

MINJU MINSU

著　　者	罗康隆　何治民
丛书策划	祝世英　刘　锋
责任编辑	罗红红
印　　装	湖南省众鑫印务有限公司
开　　本	710 mm×1000 mm　1/16　印张：14.75　字数：241 千
版　　次	2020 年 11 月第 1 版　印次：2020 年 11 月第 1 次印刷
书　　号	ISBN 978-7-5667-1822-8
定　　价	70.00 元

出 版 人：李文邦
出版发行：湖南大学出版社
社　　址：湖南·长沙·岳麓山　　　邮　编：410082
电　　话：0731-88822559(营销部)，88821343(编辑室)，88821006(出版部)
传　　真：0731-88822264(总编室)
网　　址：http://www.hnupress.com
电子邮箱：718907009@qq.com

湖南是一个多民族的省份，居住着土家族、苗族、侗族、瑶族、白族、回族、维吾尔族、壮族等五十多个少数民族。如果不主编这套丛书，我竟然不知晓湖南有如此之多的少数民族，这种情况在内陆地区是很少见的。还有，原本以为处于汉民族民俗文化的裹挟当中，这些少数民族的民俗文化传统肯定难以为继，大多只能存在于人们的记忆里，但结果大大出乎我的意料。

湖南省西部和南部地区毗邻广西、贵州和重庆等省（区）市，在这里，少数民族民俗文化有着其他内陆省份难以媲美的优越的生存环境。曾几何时，少数民族聚居的山区道路蜿蜒起伏，通向外面世界的路径极其不便。闭塞和贫困反而使得少数民族民俗文化传统比较完整地保留了下来。在这些民族中，以土家族、苗族、侗族、瑶族等少数民族人口数量为多，并且都使用本民族的语言。改革开放以后，尤其是近十年来，人们修路架桥，道路畅通后，进进出出变得便捷起来。少数民族民俗文化衍化为热门的旅游资源，备受关注。另外，在非物质文化遗产保护运动兴起以后，民俗文化的经济价值和社会价值逐渐凸显出来。一旦民俗传统资本化，维系民俗传统便自然成为一种文化自觉。从过去到如今，湖南少数民族民俗文化的生存土壤都是异常肥沃的。

不仅如此，长期处于汉民族文化的夹缝当中，湖南少数民族民俗文化铸就了顽强的生命力。如果说生存环境只是民俗文化得以延续的外在因素，民俗文化本身的多元与互动则构成了其牢固的传承系统。对湖南少数民族民俗文化进行分解，它至少呈现为以下六个方面的特色形态：一是以濮文化、巴文化、楚文化、苗文化、越文化和汉文化为源头的"历史文化"；二是以土家族、苗族和侗族文化为主体的"民族文化"；三是以民间信仰和儒道释融于一体为特征的"宗教文化"；四是以土家族、苗族、侗族、白族服饰为标志的"服饰文化"；五是以湘西北"湘菜"和渝东南"川菜"为特色的"饮食文化"；六是以转角楼、吊脚楼、鼓楼和"三坊一照壁"为标志的"建筑文化"。前三者侧重于内在，属于民俗文化的根脉和特质；后三者侧重于外在，属于民俗文化的日常生活世界。它们之间互为表里、互相依存，共同构建了湖南少数民族民俗活动可持续的常态性运行机制。

尽管民俗文化分属不同民族，但毕竟相处于同一区域空间。各民族民俗文化并非孤立地存在，相互之间有着密切的关联性。要系统展示湖南少数民族民俗文化图式，显然不能以单一"民族"为书写对象，将各民族民俗文化之间的内在联系割裂开来是不可取的。故而本丛书打破民族之间的壁垒，以"门类"立卷，将不同民族同一领域的民俗事象集中起来加以审视，努力寻求同一民俗事象在不同民族间的演绎脉络和差异性，这是一种整体观照的学术视野。当然，操作起来有一定难度，因为每一本书都需要顾及湖南省内所有的少数民族。

本丛书从民俗学的视角发掘、理解和阐释少数民族民俗文化传统，以传承和发展为编撰之宗旨。丛书第一批六部，涉及"信仰""礼仪""服饰""饮食""民居""工艺"六个方面。丛书总体设计宏大，触角深入湖南民族地区民间生活的方方面面，涵盖民俗文化的基本形态及日常的民俗行为、观念，为认识和把握湖南少数民族民俗文化提供了系统而翔实的知识谱系。有规模，方成体系，以往湖南少数民族民俗文化的呈现都是局部的，有很大的局限性。也曾有单本同类书籍出版，但难以产生广泛的社会效应。而本丛书是对湖南少数民族民俗文化全方位的展示，其价值是已出版的任何一本同类书籍难以企及的。从政治的高度而言，丛书立足于习近平总书记关于弘扬中华优秀传统文化系列讲话的现实语境，根植于中华优秀传统文化之土壤，可以满足国家乡村振兴战略的需要，是湖南优秀传统文化"走出去"不可多得的学术成果。

丛书的学术追求相当明确：一是以小见大，以点带面，深描各民族民俗文化的内部知识和行为表现；二是把民俗置于具体的生活空间中进行表达，还原民俗的生活状态；三是突出民俗之"民"的主体地位，即当地人是如何实施"俗"的，力图消除以往民俗书写只有"俗"、不见"民"的弊端；四是关注民俗的过程、具体操作的方式和行为，在具体的事件和语境中展开民俗叙事，而不是把民俗当作共性现象加以呈现；五是极大限度地使用贴近当地生活的语言，用具有方言特色的语言描绘当地风俗。当然，将这五个方面的要求贯彻到书写的过程当中，实属不易。至于落实到何种程度，只能交由读者去评判了。

丛书的作者都是湖南当地的学者，又是地方文化精英，具有深厚的草根情结，是民族民俗文化传统的积极传承者。他们有着长期深入少数民族地区的田野经历，掌握了大量的第一手资料，有着比较丰富的信息储备；他们对自己书写的对象非常熟悉，而且反复观察和参与过相关的民俗活动，最了解民俗事象产生的语境及程序、环节，是这一选题的言说权威，又禀受民俗学科学的涵养，是最适合进行丛书写作的人。同时，作者还肩负传承和弘扬民族民俗文化的神圣责任，如果没有一种担当精神，是不可能在规定的时间内完稿的。我作为主编，衷心感谢丛书的所有作者。

万建中

（中国民俗学会副会长，北京师范大学教授）

2020 年 4 月 12 日于京师园

目次

民
居
民
俗

聚落有 "龙脉"

◇ 聚落建筑的朝向

◇ 聚落的"五方"

◇ 家屋要"察砂辨穴土"

◇ 荆坪有"八卦九宫"

◇ 潘寨的"把水口"

◇ 高椅有"太师"

◇ 阳烂依"鸟"飞

在乡村社会的观念中，龙与龙脉都是一个象征性概念或者说是象征性符号。龙脉一方面是指山水形态的气势和山脉的走向；另一方面是指一个家族的血脉，即一个家族子孙后代的延续——在这一点上湖南少数民族与汉民族的观念是基本一致的。乡村聚落建设讲究"风水""龙脉"。人们相信一个村寨的"风水""龙脉"与村寨的兴衰有着直接的关系：风水好，合龙脉，村寨就能够人丁兴旺，风调雨顺，生产发达；风水漏、龙脉阻的寨子，则会人丁不发，民不殷实，六畜不旺。因此，人们按照自己的信仰和审美原则，对地形地貌加以选择，会更趋于选择理想中的村落布局。

在风水漏、龙脉阻的地方，村民总是千方百计地采取人为的方式进行修补，诸如修桥、立亭、建寨门、栽树、改道、引水等方式，从而使村寨风水好、合龙脉。村民无论是建村立寨，还是起房建屋，都严格遵守"合龙脉"这一原则。他们选择寨址，选择民居宅址，修建民居、鼓楼、福桥，修造水井、池塘，甚至修筑庙宇、凉亭、通道等，看上去似乎没有什么内在的联系，但是有一个共同的目的，那就是要保护他们赖以生存的土地；自觉或不自觉地遵循同一文化逻辑：人类一切社会生产活动、社会实践活动必须与自然和谐统一。

村民不愿刨掉树根，这并不是他们偷懒，而是为了不伤及树木、损害龙脉，以保持水土，保护龙脉的生气。村民不愿意深挖树穴，是因为不能为一棵树而伤及龙脉，伤及子孙后代。如果树墩萌发新枝，这就象征着子孙后代的生命延续，从而使整个人类世界充满无限生机。在保护树的同时，保护了子孙的龙脉，而不扰乱大自然的和谐，这样真正体现了天地人神合一，即"天人合一"的生态建筑宇宙观。

村民在选择宅基地的同时，也要选择方位和朝向。事实上，方位和朝向是根据宅基地的形状来确定的。用风水先生的话来说，你的住宅需要朝什么方向，这种地形适宜一个朝向还是两个朝向或是多个朝向，这些都是要根据地形来推理判断的，要进行综合性的生态评估分析。更重要的是，要结合这块宅基地的山水龙脉来进行综合判断。如牛形宅基地就只宜选择一个朝向，这个朝向以"庚山甲向"最为适宜。如果是人形宅基地，说明人不仅要向前走，而且还要回头看，因此人形宅基地宜选两个朝向，即"坐巽朝乾"或者"坐乾朝巽"。如果是罗盘形宅基地或者是鼓形宅基地，这种宅基地形状都是圆形的，无头无尾。罗盘本身就有二十四朝向，因此，这种圆形宅基地的坐向和朝向一般不受任何条件的约束，随便什么朝向都是可以的。

（一）聚落建筑的朝向

自古以来，侗族人多居住在山地丛林之中，他们识别朝向方位的方法，与汉族人并非完全相同，侗族人是以水流和山势来辨别方向的。他们常常把水的上游和山的高处称为"上面"，水的下游和山脚称为"下面"。侗族民居建筑为了使生活和气候相协调，常取南向或偏南向，也会因为地形原因和小气候因素取其他朝向。侗族民居建筑朝向选择大都不是朝四个正方向的，而是多以二十四方位罗盘定向的其他方位作为房屋大门的朝向，如果不按此选择朝向，村民们心理上会觉得"煞气太重"。侗族民居建筑选择朝向主要考虑以下几个方面的因素。

首先，民居建筑墙面及居室内应尽可能获得较长的日照时间和较大的日照面积。侗族民居建筑墙面上的日照时间，决定墙面接受太阳辐射热量的多少，冬季太阳方位角度变化范围较小，但在不同朝向的墙面获得日照的时间变化幅度却很大。

其次，不同朝向墙面上应尽可能接受较多的阳光辐射热量。墙面上接受的太阳辐射热量，除了与照射角度和日照时间有关，还与日照时间内的太阳辐射强度有关。由于太阳直射的辐射强度一般是上午小下午大，所以无论是冬季还是夏季，墙面上接受的太阳辐射热量，都是偏西的朝向比偏东的朝向稍多一些。这也是阳烂村干栏民居建筑朝向多为坐东南朝西北向的主要原因。本章选择阳烂村干栏民居作为典型例子来说明少数民族民居民俗的特点。

再次，不同朝向居室内应尽可能获得更多的紫外线量，因为太阳光中的紫外线有杀菌的效果。一天中阳光紫外线的强度，是随着太阳高度的增加而增强的，正午前后紫外线强度大，日出及傍晚时紫外线强度较弱。

最后，主导风向与建筑朝向的关系。在南方炎热地区，良好的自然通风是选择建筑朝向的主要因素之一。应尽量将建筑物布置在与夏季主导风向入射角度小于 45 度的朝向上，使室内得到更多的穿堂风。

侗族村民的方向意识里，一般有东、西、南、北、上、下六个方位，意指六个不同的面向。何谓"面向"？根据侗款《六面阴六面阳》来解释，"六面阴六面阳，六面重六面轻，六面厚六面薄，六面下六面上，六面死六面活，六面外六面里。""阴、重、厚、下、死、外"和"阳、轻、薄、上、活、里"分别指罪行轻重，前者是指重罪、死罪，后者是指轻罪、活罪，这是侗款的习惯说法。侗族村民在对六个"方向"和六个"面"的理解上，前者与汉族人的方向感基本上是一致的，后者似乎不是从方向的"面"，而是从某种事物的不同方面来理解的。实际上，侗族人是从"面"来理解人类生与死的关系的。侗族社会关于"面"的理解对聚落住处的方位感有着深刻的影响。

二十四朝向中，有一个朝向在侗族民居建筑中是不会采用的，这就是"子午向"。"子午向"是正南北向。据当地说法，子午向煞气太重，一般人家都会承受不了，只有个别命大、气旺的人才能勉强住得下来。所以一般民居建筑是不会采用这个朝向的，只有庵堂、祠堂、政府衙门和其他公共建筑才会选择这种朝向。可见在方位和朝向的选择上明显带有一定的政治因素。如，过去天子"当阳而立，向明而治"，所以皇城宫殿、州府衙门都是取正南北向，即坐北朝南向。

侗族村民们一般选择年份大利朝向来建筑房屋。有的人就是想利用大利朝向来实现发财的愿望。如阳烂侗寨至今还流传这样一个故事：有一个小财主对风水理论有所研究，建房子时，他的房子按照二十四个方向开了二十四扇门，哪年利就开哪个方向的门，其他门一律钉死不准通行。这个小财主真是财迷心窍，也真是把这风水学研究到家了。但是他还是忽略了一个最主要的因素，即人的主观能动性和人的创造性，这二者才是发家致富的决定性因素。

侗族传统干栏吊脚楼建筑非常重视对房屋方位朝向的选择，村民们在对吊脚楼自然生态景观朝向进行设计时，都力图使建筑朝向良好的自然生态景观。如果房屋朝向一些不良景观，就是凶煞。风水的宗旨就是要取得良好的自然生态景观，避免不良的生态景观。

（二）聚落的"五方"

侗族民居建筑朝向的选定是一个非常重要的事情。阳烂村住宅建筑多为坐东朝西、坐南朝北和坐东南朝西北三个方向。该地民居不仅考虑日照和气候环境，还考虑政治文化方面的因素。阳烂村住宅沿着岑岩山的地形走势和地基前面河流的方向，基本上就确定了阳烂村民居建筑的主要朝向：坐东朝西，部分坐东南朝西北。一般来说，东西南北四方，房屋选择任何一个方向都可以。阳烂村以鼓楼为中心，将东、西、南、北、中五个方位与金、木、水、火、土五行相匹配。通过五行学说的匹配，阳烂村的风水变得更完好。

清康熙五十二年（1713年），寨老从通道侗族自治县播阳镇请来了一位风水先生，据说这位风水先生技术水平很高。风水先生说有这么一座鼓楼很漂亮，东北面有两棵古枫树，还有两棵柿子树，这一边已经相当好了，仅需在鼓楼两边放两个狮子头就可以了。

此外，根据风水学中五行与五方的对应关系，风水先生还对阳烂侗寨的布局做了以下调整。

东方甲乙木：风水先生认为阳烂村村落房屋的最佳朝向是坐东南朝西北，结合山形水势共同构成了阳烂村独特的风水地形。在阳烂村的岑岩山背后，也就是靠村寨的东边方向有一棵成长千年的古枫树，这棵古枫树就是阳烂村的风水树和风水防护林。阳烂村先民们把寨子东边的树林作为禁山，也作为村寨的风景林，不允许任何人来砍伐，就连残枝败叶也不能随意移动。村民们相信这棵风水树是村寨守护神藏身和显身之所，是村寨安宁的象征。村寨的风景林就像一道绿色的围墙，紧紧地将村落包围在山地丛林之中，免受生态灾变的干扰。风景林下有行善者设置的石凳和木凳，可以供行人休息；在有岔道的地方还设置了若干指路牌，以告示行人正确方向。有的还在路边建有土地庙，一些古树上和地面上还可以见到村民们祭祀树神留下的红布、鸡血、鸡毛和纸钱香烛之类的东西，这是村民们祈求人丁昌盛、六畜兴旺、生产发达和风调雨顺。风水先生根据阳烂村的地形地貌特征来判断，认为阴盛阳衰、五行相克，寨中的风水并不是很完

聚落有「龙脉」

整。在风水先生看来，东方甲乙木呈现出衰退的态势。其用意是要在东方以树木来弥补村寨的不足。

南方丙丁火：在阳烂村寨河对岸的西南方向有三座大山连成一体，中间的山笔直雄伟，两边的山紧靠中间的大山，可以犄角相峙，并且端端正正地排列呈"品"字形，村民们称之为"一品山"。据老辈人介绍，这三座山头如同三盏神灯照着阳烂村，故南方丙丁火旺。阳烂村村民认为，这种品字形山，意味着能使村寨出能人，但也是村寨火灾的主要源头。因此，村民们在南方溪流上修路建桥时特别有讲究。如桥体绝对不能与南岸相连接，一旦连接，寨里的公鸡半夜就会打鸣，这意味着寨里有火灾降临。村民们为了镇住南方的"火"，就特意在南面的冷岑山的山脚挖了三个大坑，埋了三口大水缸，这样就能达到防火的目的。在靠近鼓楼旁边的这座桥必须与岸边隔开一点，以防火灾。

阳烂村寨就是这样将南方的火患熄灭在萌芽状态，同时寨头南边的风雨桥也是按照这个原理来修建的。此桥于1986年的一场洪水中被冲垮，1987年村民集资在原桥址上修建了一座水泥桥，村民们称之为"同心桥"。当时被村寨人称为"太史公"的人，名叫龙怀亮，这位老人在设计同心桥时，就是按照村寨古训，同样没有将桥体与南岸连接，而特意留出了10厘米的空隙，意思是把火隔离在南岸。村民们是不是因为有了东西南北中、金木水火土的协调就可以放心建房，就不必顾忌火灾了呢？其实不然，村民们还采取了以下五种防火措施。

一是村民们在布局村寨时就划定了隔离带，作为防火线。

二是村寨制定了具体的防火公约。

三是村寨安排专人每天傍晚负责鸣锣喊寨，提醒村民时刻提高警惕，注意安全及防火。

四是村民们为了以防万一，还在村门屋后挖有十二口大大小小的鱼塘和三口水井，有的还把粮仓和晾禾架建在鱼塘之上，甚至还把住屋也建在水塘之上。

五是村民们还准备了救火水枪。

这些防火措施对保障村寨的安全起到了非常重要的作用。这种南方丙丁火的文化观念对强化村民们的防火意识十分有效。阳烂村自建寨以来，从来没有发生过火灾。

西方庚辛金：阳烂村西北方向的大崇山海拔800米以上，是坪坦乡全境最高山峰之一。大崇山山势挺拔雄伟、威严峻秀。西方属金，金乃利器，形似一把弓箭，这金箭头不停地射进阳烂村寨，故风水先生认为西方"庚辛金"旺盛。在寨子的西边除大崇山外，还有两座大山：一座是大容山，海拔也在800米以上，村民们称之为"箭山"；另一座是君山坡，海拔在600米以上，村民们称之为"虎山"。前者箭山的意思是该山的形状像一支利箭，从西边向着阳烂村射过来，反过来说，这支利箭会不断地给阳烂村带来"灾难"。阳烂村先民们为了避免这种"灾难"，修建鼓楼时费尽心思。首先是在村寨的西头修建了一座厚重敦实的鼓楼。这座鼓楼建于清乾隆五十二年（1787年），只有两层楼，在主楼正东方还特意修建了一座凉亭，地基的台基高出主鼓楼台基70厘米，它牢牢地支撑着鼓楼主体。而在鼓楼主体的西方又有意建造了一座龙头式的建筑物，这座龙头式的建筑物的龙口全部涂成了红色，意为祥龙时时张开着大嘴，一旦箭山的箭发射出来侵害阳烂村时，龙嘴就会把一支支飞箭咬住。为了双重保障，风水先生还建议修筑两座石狮子。这样一来，若有箭要射进这个村里，桥边的两个狮子头也能咬住这些利箭，确保阳烂村村民的平安。此外，石狮子还能化解西边的虎山对村落构成的威胁。村民们认为这座虎山对阳烂村寨虎视眈眈，虎山的老虎会下山来伤害阳烂村寨人畜。为了镇住虎山，阳烂村寨的先民在修造鼓楼时，就在鼓楼的正西方设置了两头石狮子，若虎山的老虎下山作恶，这两头雄狮便可以制伏恶虎而保全寨子。

北方壬癸水：其地理位置处在阳烂村村口的古井方向，这口水井的水甘甜清凉，长流不息，它滋养着整个村寨的村民和路过此地歇脚的行人。这股清泉是从西北方向的大崇山上流下来的。无论是干旱季节，还是遇到洪涝灾害，此井水从不混浊，也不枯竭。尽管西北方泉水长流不息，但是这股清泉（壬癸水）对全村人来说还是不够的。水对村民们来说具有特别重要的意义。水被认为是财源、吉利和干净的象征。河边鼓楼的门朝向西北，正好有一股溪水从西北往东南方向流过来，这就是阳烂村风水的入口处。如果把这股西北方的溪水引入村寨，从某种意义上，就是把财源引进村寨，使村寨获得财富、吉利和洁净。阳烂村先民为了让西北的水流入村寨内，在村落的北边修建了一口大水井和连片的鱼塘。阳烂村寨本身就有十四处天然的水井，加上来自西北面的流水，十七口鱼塘交错分布在全村的各个角落，从而使得阳烂村成为一个水域的世界，村民们非常幽默地称之为侗族地区的"小威尼斯"。

中部戊己土：土地在村民观念中是万物赖以生存的根本，既是植物庄稼生长的基础，也是社会关系构建的基础。在阳烂村，先民们在规划村落布局时，特意在寨子的中央拓宽了一块平地，作为村寨的公共活动场所，这就是现在的芦笙坪。这不仅是阳烂村村民祭祀司火南岳的场所，也是村民接待外地客人进行交谊活动的公共场所。村寨每年举行两次"行年"，即"春节"和"吃冬节"的集体互访活动，芦笙队"哆耶"就在这里举行演奏活动。芦笙坪里还专门嵌有石刻的鼠、马图案，这是考验前来客访的芦笙队后生——在黑夜跳芦笙舞时，芦笙客的脚要踩到鼠、马图案，这就叫"跳子午"或"踩子午"。凡是踩到子午的男青年，就有机会被姑娘看中；当然还要考验这位后生跳芦笙舞的技巧与智慧。男女爱情就在这村落中心萌芽生长。

在阳烂村，由于南方丙丁火旺和西方庚辛金旺能生水，容易引起山洪暴发，再加上金为利器，弩箭直射寨里，所以必须有利物相克。于是，阳烂村村民就在河边修建了一座龙头鼓楼，原意是让这座龙头鼓楼张开大嘴，保证村寨的生态安全和人的生命财产安全。

一是龙头鼓楼的大口可以不断地汲取西方大崇山上的雨水，让村寨入口处甘泉长年流淌不息；更重要的是龙头鼓楼的入水口处暗含着"山管人丁水管财"的深刻用意。

二是龙头鼓楼的大口将洪水汲干，不让洪水危及村寨村民的生命安全和使财产受损失。

三是龙头鼓楼的大口咬住从西方大容山射进村寨的"利箭"，以保证村寨平安无事。正是因为受侗族文化中"五行五方"之说的影响，加上村民的防灾意识的增强，才保证了阳烂侗寨几百年来的平安。

阳烂村干栏民居建筑吊脚楼都是木料建成的，最可怕的就是发生火灾。

当地村民认为，由于南方一品山上有"三盏神灯"，火神过旺，恐会导致火神在南面河岸肆虐村寨的住房。火神总是在不断地寻找过河进寨的机会，威胁村民的生命财产安全。

自古以来，侗族款约告诫村民：白天狗蹿屋、傍晚鸡鸣不停、半夜耕牛乱吼叫，这些都是不祥的火警之预兆。据老辈人传说，大约是在乾隆年间，阳烂村火警频繁发生，鸡犬不宁，耕牛乱吼，家禽出现了生物节律紊乱现象，整个村寨村民都心神不宁。于是，寨老就请来了"杠筒师"即巫师查找原因。据杠筒师分析，是南方火神活动频繁，村寨将要发生火灾。为了克住南方的"丙丁火神"，就有了由杠筒师提出并后来实施的修鱼塘、埋水缸、两岸严禁架设桥梁及渡漕、修龙头鼓楼之举。

1988年，村民们原设计在鼓楼下30米处架桥，但是为了杜绝火神过河，最后将同心桥改建在鼓楼龙口的上方。为了让龙神镇住火神，还特意在桥的南面留下了10厘米左右的缝隙，其目的就是要把南方的丙丁火神隔离在南岸。

侗族人沿河岸选择宅地也是因为防火的需要。一般选择在河曲凸岸一侧，侗族村民认为水流入的地方为"天门"。阳烂村河边鼓楼的北门对着流入的小河，这座鼓楼的北门称之为"天门"；鼓楼的南门对着小河河水流出的地方，称之为"地户"。天门地户又称为"水口"。天门一开，则财源滚滚来，地户一闭，则财源兴旺不漏财。因此，人们又把天门地户统称为"天地乾坤门"。侗族把座下而出的水流称为"元辰"，把入穴而聚的水流称为"交合"。侗族村民认为"元辰"之水不宜直流，"交合"之水流要分明。古人所讲的"山管人丁水管财"是有一定的科学道理的，如果说地不良、水不旺，人类又怎么能生存得下去呢？这是一个非常浅显的道理，在当今科学时代也是一个不言自明的道理。不过有一点非常重要，侗族风水理论是受汉族风水理论的影响，他们甚至还运用了汉族风水理论这一整套解释体系。当然，我们也看到侗族先民在灵活运用汉族风水理论时，注入了他们的实践经验，丰富了中国传统风水理论，使传统风水理论充满了新鲜活力，推动了侗汉民族文化的发展与融合。

（三）家屋要"察砂辨穴土"

民间修筑民居在确定地址后，还需要对房屋按照龙脉地穴进行"察砂辨穴"。什么是察砂辨穴？所谓砂，就是指四神砂，即青龙、白虎、玄武和朱雀四砂。所谓神砂穴位，玄武是指后山、后龙、背山；青龙是指左山或左翼；白虎是指右山或右翼；朱雀在前面，是指门前的案山。

辨穴是指辨别龙穴，即识别房屋地基所处的土壤结构和地质情况，建筑住宅地基土质的好坏。砂是指主山脉四周的小山。觅砂、察砂具有双重含义：一是指砂山的位置。在主龙脉的前后左右要有环护山。从风水理论的角度来看，以"四灵"和"五行"作为匹配砂山，它提供具有可操作性的方法：左有青龙为"木"，右有白虎为"金"，前有朱雀为"火"，后有玄武为"水"，则中央就是民居建筑的地基位置，为"土"。前面的近山称为案山，远处的山峰称为笔架峰。二是指砂山的形态。砂山一般以端庄、方正、秀丽为吉，而以破碎尖削、奇形怪状为凶。风水理论认为砂要秀。砂秀分为四种：宅基地选择的第一种秀砂，指"两边鹄立，命曰侍砂，能遮恶风，最为有力"；宅基地选择的第二种秀砂，指"从龙抱拥，命曰卫砂，外御凹风，内增气势"；宅基地选择的第三种秀砂，指"绕抱穴前，命曰迎砂，平低似揖，拜参之职"；宅基地选择的第四种秀砂，指"面前特立，命曰朝砂，不论远近，特来为贵"。

当地百姓认为，少祖山和父母山的两侧有上砂与侍砂相抱，能遮挡住外来的恶风，增加小环境气势，在住宅地基前面的远处还有低平迎砂，这就是贵地的象征。风水理论把宅基地四周的山与东西南北四方位的四神兽联系起来考察，就形成宅基地青龙、白虎、朱雀和玄武四方环抱的形态，这就是察砂点穴，人们将其称为宅基地理想的自然生态环境。我们先不要说这风水理论是迷信还是科学，如果你能找到这样环境优美的风水宝地，最适合人类居住的自然环境，这就是好住处。

选择建筑宅基地的具体地址，就是要在一个较大的区域内选择一个穴点。所谓穴点，是指特定建筑地基点，也就是要选中最佳位置。阳烂村民居宅基地是一个理想的自然生态环境，它背靠岑岩山，左边是伸手山和岑秀山，右边是鸡大堡，左青龙、右白虎二山相辅，前面有案山相迎，在案山下面有一片开阔的田野和一条长年奔腾不息的坪坦河，小河是从山间远处蜿蜒奔流而来，又曲折绕前方而去，四周是起伏的群山，青龙、白虎之外还有层层山相叠，宅基地前方远处是冷岑山，与案山相对，外面还有朝山相对。阳烂村大多数房子是坐东南朝西北或坐南朝北，这样形成了山环水抱、背山面水的好宅地。

侗族村民建筑房屋首先要做两件事：一是相土尝水择地；二是选择方位辨别方向。侗族人辨穴土是根据不同土壤层来判断土壤结构层和土壤好坏。一般土壤可以分为三种：一是浮土，二是黏土，三是砂土。以浮土最差，黏土次之，砂土为最好。侗族人择地定穴后，为了慎重起见，要挖井验土，挖井提出来的土有三种识察方法：一是辨色法，即验察；二是尺度测量法；三是称重测量法。侗族人称探井为"金井"或"财井"。以上验土方法与汉族验土方法相同，通过建筑技术的验土法同样能说明民族文化融合的总体趋势。最后来决定地基穴位的最佳位置，并选择与之适应的自然生态环境。

（四）荆坪有"八卦九宫"

荆坪为怀化市中方镇所辖。荆坪古村文化比较深厚悠久。荆坪古村里的大多数居民都是由潘氏一族发展而来的，潘氏一族在这边的发展历史悠久。荆坪古村潘氏家族中出了很多潘氏名人，其中潘士权最为出名，因为他曾经当过乾隆皇帝弘历的老师。至今潘士权的故居还保留着，被当作景点供人观赏。相传荆坪聚落的格局就是潘士权设计的。他不仅懂音律，掌礼乐，著述颇多，还懂得五行八卦，把整个荆坪院落的布局设计成八卦图形，所以我们现在所看到的荆坪古村就是以八卦图排布的。

荆坪古村落的建筑布局称为八卦九宫，人们走入古村落里面很容易迷失方向。荆坪八卦巷道主要是潘氏五、六、三房先祖在始建潘家大院时修建的，修建年代在元、明两代，目前主要是荆坪牌坊和新园两组村民住宅，且大多为潘氏五、六、三房子孙居住，共一百来户，五百多人。九宫巷道由九条长度在一百米左右的青石弄子平行组成，其中在八个巷位的巷口分别设置有方形和拱形的寨门，九宫巷的宽度都为两至三米，九条巷子均为南北走向。巷与巷之间设计了众多"丁"字巷口和"S"形拐弯，这样的设计把潘家大院变成了一个九宫八卦的阵型，使之"藏风聚气"。

如今的八卦巷道已不完整，只留下四条巷子两道门，潘家大院于明代修建的八字寨门如今也只留下一片空地和依稀可辨的八字门基础。但是一些外来游客有时还会在这里转上半天，因为找不到出口。古村落里面的建筑也是十分有特色的，形成了独具一格的建筑风格。

在田野调查过程中，我们发现，沿着溇水南路走，有一个巨型宣传牌，走过它，有一条通往村里的路，在这条路上靠近岔口的部分为乾门，它在西北口上。在它的对面曾有一口草水塘，现在已改为良田。走到岔口处，向右拐直走，走上一段距离，左边有一条古驿道，沿着古驿道走，在古驿道的左边有一个兑门，兑门朝正西方向。走过兑门，沿着古驿道走，一直走到一个岔口，然后向右拐，再向左拐，向前走上一段距离，有一扇坤门，坤门朝西南方，坤门对面有一口中方塘（塘为正方形）。再往前走，左边为齐家屋场，右边以前是护城墙，而我们所走的这条路叫作护城路，是以前就存在的。再往前走，有一扇离门，朝正南方向。走过离门，再往前走，右边有一条小道，在小道与大路的衔接处有一扇巽门，朝东南方向。走出大路，向左拐，右手边是溇水河，沿着溇水河走，在潘家祠堂和文昌阁中间有一扇震门，朝正东方向。在新修缮的两栋房子旁边的小巷处为小艮门，再往前走的一条小巷处为大艮门，它们都是朝东北方向。艮门是纳财门。族长家大门正对的方向是坎门。沿着艮门走，进入九宫，九宫是一个圆形空坪，大概有 1300 平方米。

九宫里面的巷道纵横交错，都为丁字路、S 形路，象征人丁兴旺、聚气纳财。八卦中的乾代表天，坤代表地，巽代表风，震代表雷，坎代表水，离代表火，艮代表山，兑代表泽。在荆坪的院落里有三重门。第一重门是家家户户都安有的宅门，它是外八字状的。第二重门是在巷道中间修有的隔门，用来与其他人家隔开，隔门有拱形的、方形的。第三重门是在乾门、兑门、坤门、离门、巽门、震门、艮门、坎门修有的寨门，加上小艮门，共有九道寨门，每个门口都有人把守。到了晚上所有的门都会关上。当初潘士权把整个荆坪院落的布局设计成八卦图形，除了考虑风水上聚气纳财的好处，应该还有防盗以及军事防御上的考量。

（五）潘寨的"把水口"

如果说中方县荆坪古村落是在相对比较平整的区域按照汉族文化设计出来的聚落格局，那么，坐落在湘黔边境的潘寨聚落的格局则更多地是依赖典型的山势来进行聚落安排。

潘寨位于清水江流域，群山环绕。潘寨在选址上有二龙戏珠之象，村寨两旁都是绵延上千米的巍峨大山，中间有一条小溪流过。中国古代村落选址强调主山龙脉和形局完整，即强调村居的形局和气场，认为村落的所依之山应该龙脉悠远，起伏蜿蜒，成为一村生气的来源。潘寨处于两山围绕之中，前后两端都有出口，有利于村庄防卫；两面都被山给围住，形成两道天然的屏障。1949 年前，潘寨周边治安极差，各地土匪不断，但是潘寨却不受土匪的侵袭，因为此地只需要防守东西两段的出口，形成了地理上的战略优势，正是"一夫当关，万夫莫开"之态。同时中间又有出口，更甚的是中间有一条溪流，可以带动空气的流通，使这个地方的空气始终保持着新鲜的状态，更有利于这个地区的人保持身心愉快。

潘寨的地形为上游宽，下游窄，当地先民特别注重风水，认为潘寨是一个具有灵气的地方，山环水抱，上宽下收，集聚才气、财气、喜气，能够为当地村民带来好运，为农业带来丰收，永保潘寨风调雨顺、五谷丰登。

潘寨聚落在选址上重视地势的选择，先民对居所的要求是地势要取一定坡度台阶地，地形要选在河床边，土质要干燥，地基要坚实，水源要充足，水质要纯净，交通要方便，四周要有林木，环境要幽雅。先民生活在这样的地带，容易取水和捕鱼，也不会受到洪水的肆虐。潘寨选址是以主山龙脉和形局完整为基准，即强调潘寨的形局和气场。我们在采访的途中得知，风水学认为龙脉分活龙和死龙：活龙就是山脉起伏蜿蜒，像龙在张牙舞爪一般富有生气，即活龙脉，可以使村民幸福快乐；死龙就是指那些平平的山脉，没有起伏，就只是一条平平的山脉走到尾，这样的山脉是不好的，不利于村寨的发展。

潘寨北有重峦叠嶂的靠山，可阻挡北方的冷空气南下，使人不受冷风的侵袭；左右两侧有侍卫之砂，保护着潘寨不受敌害的侵扰；前方明堂平坦开阔，是一片绿油油的稻田，有大量的田地，可以解决村民的温饱问题，粮食在古代可是命脉，有了田地就可以使村寨获得生机，并好好地传承下去；后有河兜，荣华之宅。潘寨村落有秀水环抱，先民认为该村落前逢池沼，都是富贵之家。大河类似干龙之形，小河乃支龙之体，可见水的重要性。潘寨的流水不仅能加快空气流动，同时也起着重要的灌溉作用，为百亩良田提供了丰富的水源，提高了粮食产量。远处有案砂，更远处有朝拱之山——相对封闭的小环境，从而形成了一个稳定的发展环境。在小农经济时代，各地的交流有限，这样独特的地理环境给了潘寨一个稳定发展的环境，更有利于村寨的发展。

潘寨最大的不足就是水不是太丰裕，没有大江大湖，甚至连大的池塘也没有。但水是任何生命不可或缺的，河流犹如人体内流动的血液，有阳必有阴。人体中除血液外还有一样东西非常重要，中医学把它称为气，指人体各种机能活动的动力。由此可见，这种看不见摸不着的气，对人体很重要，所以先民认为必须围住水口，留住好的风水，并将不好的给放出去。同时水口在村落的空间结构中有着极为重要的作用。水口的本意，是指一村之水流入或者流出的地方。水在风俗中有特别的含义，是财源的象征，水环流则气脉凝聚。许多没有河流的村落要引水入村，有的甚至在村落的宗祠等地开挖池塘，荫地脉、养真气，从而达到聚财、兴运的目的。风水中对水的入口处的形势要求很严格，必须水口关锁，为的是不让好的风水流失。潘寨水口处是一村出入的交通要道，所以特别重视水口地带的景观建构。1941 年，当地政府在水口处建立永兴桥，整合水口，不让好的风水流出去，把好风水都留住，用来福泽乡里，使村民获益。后经过几次修整，才有了今天这样规模的永兴桥。听村里人说，永兴桥修整后，村里就出了很多大学生，所以村里人对水口建设特别热心。

（六）高椅有"太师"

高椅古村位于湖南省会同县高椅古乡境内的巫水河畔，这里曾是水陆交通枢纽，是历史上闻名的贩运烟土、木材的必经之地。高椅谷地三面山密围合成"U"形，"U"开口朝南，山脉走向从西向北再绕向东，有众多山冈相连，依次为三洲坳、上下鸠坡、接龙坳、分水坳、栈顶上、小鸠、背后山、大鸠、大界头、王山通和岩山头。三洲坳在巫水上游，岩山头在巫水下游。谷地西北是小鸠和大鸠，山体巍峨，大鸠稍高一点，小鸠矮一些，一座不大的背后山夹在中间。由于背后山顶平如案，远看像一把太师椅的靠背，原村名"高锡"就改成了"高椅"。《杨氏族谱》中的"高椅地图说"记载："从来开百代之基，绵千秋之绪，使子孙承承继继，如葛藟、如瓜瓞，星罗棋布，烟火数百，丁财两盛者，非阴宅之吉，即阳宅之美，方能然者也。虽然阴阳二宅吉且美者，乃天地之生成，非人功之所致，然要皆人力所能择乃可得而宅之。"为了找到万年基业的理想之地，杨氏先祖几代不断迁徙，终于来到高椅定居下来。

高椅背后山的山脉起源于贵州高原，经靖州、长铺子逶迤而来，落穴在高椅西面的大禁山，山的主峰叫天堂凼，是高椅村的祖山。背后山属大禁山下的一个小支脉，为村落的案山。大禁山脉起子癸向，正好符合堪舆"子癸来龙出亥官，子孙发达水无穷"的说法，属吉祥。大鸠与背后山之间是山坳的垭口，当年杨氏先祖从若水的瓦窑到高椅，就是翻过这道垭口而来。垭口的西侧有山路，可通向会同的若水镇及洪江等重要古镇和水码头。

巫水河流经高椅村南侧，对岸是起源于雪峰山主峰高登山的支脉，绵延百里，奔腾到梦云山，至此分为两脉：一支落到唐家；一支落到高椅村东南方，称"箐林山"，为高椅村的朝山，因其在村前，又俗称"前山"。沁林山是山脉之尽头，不高，但山体浑圆，树木浓郁茂盛，四季葱绿。巫水河沿沁林山尽头转了一个弯，将小山紧紧地拥抱，之后向东北方流去。高椅的祖山过村落向南，与朝山连成一线，构成坐北朝南的村落朝向，风水学称："坐北朝南，天下郡县悉皆如此，以南北之力量最大，故耳。"《阳宅三要·论福元》记载："宜住坐北向南宅，上上吉。坐南向北宅，上吉。坐西向东宅，亦吉。唯坐东向西宅不宜居。"高椅村住宅多坐北朝南，少数随山势朝向各异。站在村落高处俯瞰住宅，谷地内历历屋宇十分整齐。

因村落环境的优越，民间形象地称高椅为"龙盘虎踞，水聚风藏"之地。又说高椅的山是"二龙戏珠"形。一条是从大鸠起至岩山头，龙头就是岩山头的脉头罗星山。风水学认为这是一条青龙，长而弯曲，郁郁葱葱，生机勃勃，有利于家族人丁兴旺绵延。另一条从梦云山方向而来，经西峰山、对河，直到沁林山，龙头就是沁林山。二龙的脉头在巫水相会。说来也巧，河水中有一块圆形岩石露出水面，称"猫岩"，即"龙珠"。风水学认为"二龙戏珠"虽为好风水，但从梦云山而来的龙是"火"龙，势头强而猛，不利于村落壮大发展。清朝时期，杨氏家族集资在沁林山东侧山腰上——村的东南方巽位建起一座文峰塔，一是为振兴文运，出人才；二是用这座塔来减弱梦云山"火"龙过强的气势。清嘉庆二十年（1815年）《杨氏族谱》中有诗曰：

斜阳翘首塔流光，照耀全村景运昌。

况是巽峰偏得位，儿孙代代烂名香。

还有人说高椅的地形是"九龙之地"。风水学认为谷地被一众小山包围，共有九条山脉聚向谷地，聚于村中的大塘，山即是"龙"，风水先生说这块地吉祥富贵，能出人才。但高椅始终没有出大人物，好不容易出了个做官的，还落籍在外。相传村民找到风水师再看究竟。风水先生说"九龙之地"虽好，但在大鸠和小鸠背后还有座山叫"棚背丢岩"，这山略高于大鸠和小鸠，这风水不好，如同太师椅背后站着一个小人，偷窥着前面坐着的人，凡有好事都被后面的山压住了，很难成功，因此不利于太师椅上的人，自然就不利于村落。此后村民在大小鸠之间的口上一连建起三座土地庙，其作用就是对峙"棚背丢岩"，防范小人，改变风水。

关于高椅村风水还有一个"五龙戏珠"说。这五龙不是山脉，是周边的五条小溪（实际上有六条），即一条从大鸠坡下来的坎脚溪，一条从小鸠坡下来的山脚溪，一条从罗星山下来的小溪，一条从村西鸠坡下来的沙塘溪，一条发源于罗星山脉的小溪（实际还有一条从对岸对河下来的小溪）。这五条小溪有四条从高椅谷地蜿蜒流出，汇入巫水河，而河上的猫岩即为龙珠。不论是"二龙戏珠""九龙之地"，还是"五龙戏珠"，都是在称赞这里环境的优越。

（七）阳烂依"鸟"飞

从阳烂村的风水可以看出当地村民的风水认知清晰分明。第一，从山脉与河流的走向来确定龙脉的位置，关于龙脉的位置有不同的说法。第二，在确定龙脉的位置之后，再根据其具体位置的形状确定村落的布局。第三，在村落布局的基础上规划村落建筑设施。第四，根据村落建筑来确定具体宅基地的位置。

在不同层次的风水标识上，村民们总是采取与之相匹配的手段或方法去培植各种物象来弥补风水形态上的不足，从而使村寨生态景观变得更加完美。这种不同的风水意识和生态景观意识构成阳烂村村民的整体风水观。在这样的风水观里，最重要的是村落所处的位置。即先民认为村落的龙脉位置要好，具体宅基地的风水也十分重要，具体宅基地的风水与村寨风水是连接在一起的，从这里也能了解侗寨村落聚居的社会结构及其社会生产关系。在侗族社会中，个体甚至单个家庭并不是十分重要的，最重要的是一个村落聚居联合体。村落是完美的，家族也就是完美的；一旦村落有了缺损，家族也将有不幸。生活在村落的每一个成员，为了家族的命运都要竭力去维护村落的完美与生态安全。

阳烂村龙姓祖先在选择阳烂这块风水宝地时，他们不仅实地考察了阳烂村背后岑岩山的地形、地貌、地理结构、山形气势和龙脉走向，而且还实地考察了地上地下水源以及周围的水流形态和水质状况。侗族先民选择房屋地基主要是强调遵循自然生态的内在规律，充分利用自然资源，真正做到地尽其利，物尽其用。阳烂村先民选择依山傍水的地方作为聚居村落地址，正说明村民们对风水和龙脉有正确的科学认识，并且形成了一种原始古老的生态观念。实际上，他们是从生态环境角度对村寨聚落地址进行科学合理的解释。他们认为，龙脉顺着山脊到坝子溪流边而止时，其所止之处就是"龙头"。人们称这样的地基为"座龙嘴"地基。先民会在这样的地基上建村立寨、修造房屋，他们认为村寨只有建在"座龙嘴"上，村寨才会世世代代繁荣昌盛。这种对宅基地址解释为"座龙嘴"的福地和宝地，表明阳烂村先民对传统风水有深刻的理解。

阳烂村的位置是"坐落在龙头穴位上"的。实际上阳烂村后面的风水山，是从坪得哈（音译）连接到寨背后的双冲妈一直延伸到凹冲过盘美一带地方，并一直延伸到孟八河与黄岩两河口的交汇处。从地理形态特征来看，阳烂村地基形态就像一只展翅欲飞的鹭鸶水鸟，阳烂村村民称之为"鱼鸟"形地基。侗族村民习惯将不同的"风水宝地"用不同动物来命名，因此，阳烂这块"风水宝地"就是以"鱼鸟"形来命名的，也是百寨难遇的一块风水宝地。阳烂村村民为他们的祖先能寻找到这样一块"风水宝地"而感到自豪，也为自己生活在这样生态环境优美的村落而感到骄傲。村民们认为最好的风水宝地也需要有最佳方法来保护，这样才能使这块风水宝地永远保持下去，并造福子孙后代。因此，村民们对这块"龙头鱼鸟"形地基倍加保护和珍惜。

当地人认为阳烂村这里的风水山、风水树的龙脉以及祖坟的龙脉，是任何人不能触犯的，谁也不能去乱砍滥伐。如果谁要是去乱挖土、乱建房屋或者修造祖坟，伤害了龙头鱼鸟，会严重破坏寨内风水，导致鸡乱鸣、狗乱叫、牛乱跳。出现这种反常自然现象，就意味着有火灾即将发生。违反当地村规民约的，必须受到严惩，如罚祭寨神、捣毁新建的建筑等。

村民按照假想中"鱼鸟"的头、翅、身躯、鸟尾不同部位，将村落位置设计建立在这只"鱼鸟"的身体上，不能让这只"鱼鸟"的任何一个部分有过分、过多的承载，以免导致"鱼鸟"重心失衡，不能起飞，给村民带来灾难。有关这只"鱼鸟"，村民们这样解释："鱼鸟"的嘴是非常重要的，鸟的生命是靠它来维持的。鸟在起飞时，鸟嘴要往上翘，那么在这个位置上，千万不能承载过多的东西。人们是不能在这里建筑住房的，只能在这些地方耕种，它会源源不断地提供食物，从而使"鱼鸟"能够健康成长。"鱼鸟"的身躯同样有五脏六腑，这是"鱼鸟"的核心部位，也是"鱼鸟"的中枢和灵魂所在地，也是阳烂村风水最佳穴位部分。在村民们看来，这里就是人的灵魂安居之地，因而村民们在这里建起一座古老的"幽堂"。当老人去世以后，就把他的遗体安放在这里，这大概就是要让这只"鱼鸟"将他们的灵魂送到遥远的天堂。"鱼鸟"的翅膀是最活跃的部位，也是"鱼鸟"能够展翅飞翔和"鱼鸟"动力最大的地方，"鱼鸟"的左翅膀位置，正是村民们聚居集合的部位，也是承载村民们活动的重要场所，因此村民们集中聚居在"鱼鸟"

的左翅膀上。如果人口过多的话，就有可能导致这只"鱼鸟"失去平衡，这就意味着它会给村民们带来灾祸。阳烂村村民相信，只有根据村寨龙脉来建村立寨、修房建屋，而且还要根据龙脉的气势和走向来规划村落各种类型的建筑以及民居建筑规模，才能既可以降伏龙脉，又不会伤害到龙脉聚居的气势，使村寨受到龙的庇护而福祉不断。20世纪70年代，村寨里的部分村民迁移到黄岩冲内聚居，当地人认为这样就解决了"鱼鸟"翅膀承载过重的问题。阳烂村村民聚居在"鱼鸟"的翅膀上，他们一直在期待这只"鱼鸟"能够给他们带来美好的希望，带来美好的生活。

　　阳烂村村民讲究风水龙脉，村民也相信这风水龙脉与村寨兴衰有着直接关系。阳烂村村民都认为风水好、合龙脉，村寨就会人丁兴旺，风调雨顺，生产发达。如果风水脱漏，龙脉受阻，则整个寨子就会出现民不殷实、人丁衰退、六畜不旺的颓势。因此，村民们不会随意动村寨的山山水水、一草一木，以免破坏村寨的风水。即便修建房屋、筑路架桥，也要使村寨趋于更理想的村落结构布局中，他们也要按照某种原始宗教信仰对村落的地形、地貌和地理特征进行必要的选择，以免破坏村寨的风水，而殃及自己的子孙后代或殃及他人。如果发现风水脱漏，龙脉受阻，就要赶紧采取一定的补救措施。这时寨老就会发动村民们对脱漏风水的地方进行人为的补救。比如说，修筑福桥就是用来拦截坏风水，还有采取立凉亭、建筑寨门、栽树、改道和引水等方式来加以补救。这些都能使村寨聚风水、合龙脉。阳烂村村民无论是建筑村寨门，还是修建民居建筑，都必须严格遵循这一原则。这些护村保寨的措施，实质上是一整套完善的生态安全保护体系。

　　村民们赞美阳烂村风水时说："摆下四方桌，四方长条凳，四面亲朋坐，听我赞寨（众合）是呀！！村脚是三棵合抱大古枫树，村头有三合围大的乌桕树盖地。乌鸦到此孵蛋，喜鹊喳喳来贺喜。鼓楼高高岁，顶上盖琉璃，檐下垂玉珠，结实又雄伟，千姿百态，百样美。福桥长又长，琉璃图上安，玉珠檐下装，富丽又堂皇，百样强。山清又水秀，胜过别的村和乡（众合）是！哈哈哈！！！"

　　居住环境需要具备三个最基本的要素，即靠山、面水、向阳。在风水理论里，选择地基就是寻龙脉，房屋建筑要靠山。要靠山，就要寻找山的

聚落有「龙脉」

来龙去脉。山在这里是指龙脉，所谓有山就有气，所以寻龙脉实际上就是对"气"的追求，寻找"迎气生气"的地基。寻龙脉就是要选择来龙深远、奔腾远赴的山脉，这就是所谓的"真龙"贵地，也就是人们常说的"风水宝地"。选择地基也就是要对建筑房屋周围的自然生态环境进行深度观察，更确切地说，看是否适合世世代代可持续发展。

聚落有寨籍

◇　聚落的居民

◇　侗寨分"款区"

◇　寨籍与"客人"

◇　聚落资源有"界分"

（一）聚落的居民

在乡土社会，人群能够居处的地方，久而久之就会成为一个聚落。但并不是所有的地方都适合人类居住。聚落布局包括聚落的空间定位、布局和聚落自身的内部结构。不论是空间定位，还是聚落自身的内部结构，都是在一定文化法则下逐步确立并壮大起来的。聚落就是乡民的生存依托，乡民的生命价值与意义就是在乡村聚落里实现的。有了人，就会形成聚落，体现了物以类聚、人以群分的道理。村落的人群类聚，乃是以"家族"为分野的。可以说，最初的聚落就是家族聚落。只是随着时间的推移，人口的流动，文化的交往交流，多家族多姓氏共处的聚落也就随之形成。但我们通过梳理详实的田野调查资料，依然可以在多家族、多姓氏共处的聚落中分辨出不同"家族"的空间，甚至可以梳理出各个家族进入聚落的历史，由此可以深入了解不同家族在共处空间中的权力、责任与义务。

1. 人口"外来"说

在中国西南地区的汉族社区调查时，研究者们发现了一个特殊现象，那就是当问及他们的族源时，他们都说他们的祖先来自江西，而且对于来自江西的泰和县的某条街某条巷都说得很具体，几百年前的事就像发生在眼前一样，一点也不模糊。翻开这些村落家族的族谱，也会看到来自江西的记载。族谱的记载、文字的力量，更让村民对自己的祖先来自"江西"深信不疑。当然，除了人口"江西说"，还有其他说法，如"南京说""山西说""京城说"等。

人口"江西说"有两点引起了我们的思考：第一，难道江西人来此地之前，这些地方是"无人区"？可以肯定的是，江西人来之前这里早已有村落。第二，这些地方虽然受到来自以江西为代表的汉族文化的影响，但绝非只有江西文化。仔细分析其背景，就可以明了其中的原因。在明代初年，中国历史上曾经有过"湖广填四川"和卫所布防的历史。自从明代广开驿道、广设驿站、广置卫所以后，朝廷可以随时遣官前来，外地人可以自由迁入。明制规定：每卫定额人员可达 560 人，且"一人在军，全家同往"。还规定未婚者

"予以配偶"。若每户以四口计，明代前期入沅水的汉民便不下15万人。自明宣德年间以后，卫所制度屡遭破坏，屯官不断侵吞官田，军屯不断被商屯、民屯取而代之，进入沅水流域的汉民日增其众。这些事件都与人口迁徙有关，甚至都与江西人口外移有关。因此，在湖南乃至湖南以西地区的村寨人口来历都与人口"江西来"的传言有关。

个案：中方县荆坪潘氏脉出源流

荆坪潘姓相传出自姬姓，是周文王第十五子毕公高的后代。"中方潘氏属周文王一脉，系出姬姓，为毕公嗣季孙食采于潘以邑为氏，因季公为中华潘姓之得姓始祖。……"据族谱记载，荆坪潘氏系连公支系，其祖先排列顺序为季孙生连，连生桓，桓生纪，纪生子意，子意生南寿……以上十五世为荆坪潘氏上叶之先祖。据湖南洞口县山门镇岩塘村的《潘氏族谱》收录的中方二十六世祖潘士权于乾隆三十七年写的《寻源笔记》，文中记载潘惟道即是潘惟正。其文云："惟道，《宋史》中作惟正，讳玖，袭职光禄大夫，西京作坊使。"由河北大名府迁居山东青州府临朐县竹搭桥，卒葬府城北郭龙形，配王氏……贞周、元周、明周、能周、尊周。荆坪潘氏始祖贞周袭祖职为光禄大夫，于明周、能周同事于宋，于神宗熙宁初年，兄弟三人被谪入楚，元周、尊周尚在齐地。贞周随父由河北大名迁山东青州府，再迁居湖南中方。

荆坪潘氏家族的历史记忆建构与地方社会变迁史还有待进一步发掘。但是纵观明代以降，可梳理出荆坪潘氏家族的历史记忆建构与地方社会的变迁史。

首先，明清以来，随着朝廷对西南地区的全面开发，西南地区的不同族群都加入其中。而对这一历史过程进行研究和论述，就可以为西南地区被纳入国家化进程提供一个很清晰的个案，也是荆坪潘氏家族历史记忆建构研究的意义所在。而对于明清时期的朝廷而言，这种地方社会历史记忆的建构，亦正是他们所需要的，基于这样的一个考量，明清时期两朝统治者，特别是清朝的统治者以及黔阳、辰州等区域的地方官员对荆坪潘氏家族的事迹进行

聚落有寨籍

了宣传，以巩固其统治。

其次，对于荆坪这一区域而言，建构本家族的历史记忆，从而与朝廷的一次行动或者代表朝廷的正统性挂钩，其背后所反映的是明清时期西南地区在这一大时代背景下的不得已的选择，特别是在外来客民以及土著居民对资源的不断争夺中，建构家族的历史记忆就成为这一区域不同居民的必然选择。而这背后所反映的也正是这一区域明清以来的历史发展脉络。

最后，对于荆坪潘氏家族而言，其历代家族之人尤其是以潘士权为首的潘氏家族名人对自身家族历史记忆的建构。其出发点就是为了维护荆坪潘氏家族的发展。单个人或者说一个族群都会对自身所存在的自然生境进行改造以及获得资源。而这些资源的获得，并不全部是依靠战争等残酷的方式，纵观人类数千年文明史，更多是依靠平和的手段去获得。而在帝制时期，唯一较温和的方法就是通过文化甚至是文字等的掌握和利用去获取资源。

笔者在研究荆坪潘氏家族的发展历程时发现，无论是他们关于家族历史记忆中所宣称的自宋代以来就搬迁到这里，还是笔者在研究过程中猜测他们很有可能是明代初年搬迁到这里，潘氏家族的发展都不是一蹴而就的，而是通过缓慢的科举考试，最终在明清时期不断崛起，而到清代康熙、雍正时期达到顶峰以后，以潘士权为首的家族精英才对荆坪潘氏家族的历史记忆进行建构。

在明代及其以后的历史情况就比较清晰了。比如黔东南侗族苗族自治州天柱县远口镇盘磨村的潘寨，曾经是中方潘姓迁去居住过的地方，地名因居住人群的姓氏得名。《远口镇志》记载：北宋潘仁美的后裔潘友谅、潘金万等人，于明代正德元年至嘉靖十六年（1506—1537 年）在潘寨住过，潘寨因此而得名。现存于潘寨永兴风雨桥的碑文也有记载："吾始祖（潘姓）贞周公于宋熙宁初年（1068 年），由山东济南府迁湖南怀化中方。友谅公于明正德初年率子金万、金千、金百，侄澎公及世义、世礼，由湖南怀化中方迁贵州天柱兴文里，十余烟聚居一处，故名为潘寨。"

2. 人口"土著"说

笔者在怀化通道侗族自治县坪坦河流域进行了 20 余年的田野调查，调查内容涉及人口来源、村落选择、家族分支等情况。通过调查得知，在当地村寨中还流传着本土起源的传说故事。在坪坦河流域有 40 多个村落，每个村落都有自己祖先选择聚落的故事。有的村落传说是那个地方的韭菜长势很好，生吃味道也很香甜，于是被祖先选定为落脚的地方，后来慢慢发展起来。有的村落传说是上山打猎的狗在那里洗澡，身上沾满了浮漂，于是祖先就选择那个有水的地方驻扎下来，久而久之，这里就发展成为一个聚落。有的村寨传说祖先喂养的鸭子沿着小溪而上，鸭子不肯回家了，到第二年春天，鸭子带着一群小鸭回来了，于是祖先认为那是可以居住的地方，原来寨子的兄弟便分家到那里居住，形成了新的村落。有的村寨则传说是祖先养的鹅沿着小溪往下，不肯回来了，第二年春天带着一群鹅崽沿小溪回到家里，于是老人们商议，下游鹅居住的地方肯定是个好地方，大家商议从家族中分支到那里居住，于是那里就成了一个新的居住点，逐渐发展为一个聚落。

在众多村寨传闻中，芋头侗寨的来历具有代表性。相传明洪武元年（1368年），一位杨姓侗族青年带着猎狗赶山，当赶山至芋头界一带时，猎狗在一块草坪上趴下，就是不肯走。主人万般无奈，只好说：我向空中抛食三次，你能接住，我们就留下来安家。结果猎狗无一落空。青年人信守诺言，在芋头寨砍树搭棚，住了下来。明洪武十一年（1378 年），青年人与逃难躲进山里的女子结了婚，这位姑娘能歌善舞，相传芦笙表演技艺就是由她带来的。夫妻两人生儿育女，繁衍杨姓宗室。现遗存寨中的"萨岁坛"，就是为祭祀这位女子而建。

诸如此类的传说，不胜枚举。以这类传说故事所建构起来的聚落是文化扩散的过程，也是一个民族利用类似资源而不断壮大的过程。这样的过程充满着喜悦与祥和，这不是"背井离乡"，而是繁荣昌盛的一种体现。当然，因这样而形成的聚落，往往与原来的聚落形成"新寨"与"老寨"的关系。这样的新寨建立之初，聚落规模比较小，人数也不多，甚至有时还得仰仗老寨的力量来处理好与外部的关系。一旦新寨的人口得到发展，这种依赖关系就会减弱，并逐步与原先的老寨形成一种内部的竞争关系。但如果遇到外来压力时，这种内部的竞争关系就会转变为一致对外的力量，由此进一步提高新老村寨的凝聚力。

其实，每一个乡村聚落都是特定文化建构起来的一种文化事实。要理解乡村的文化，就要理解乡村的聚落，通过对乡村聚落的理解，才能理解乡民生命的价值与意义。不同的民族有不同的文化规则，在乡土社会，每一个聚落都是与家族相关的，一个家族或几个家族构筑起一个聚落（居处），聚落就是家族的代名词。居处的格局就是家族的格局，居处的命运就是家族的命运、家庭的命运乃至个人的命运。

（二）侗寨分"款区"

在任何社会，资源总是稀缺的。人们在资源稀缺的环境中仍要生存与发展时，不同的民族会有不同的应对措施。有的民族采用兄弟分家的方式来应对资源的稀缺，而有的却采取了兄弟联合的家族组合方式来对资源进行有效配置。不论采取什么方式，都是文化模塑的结果，也都是靠文化来排解人们的困境，来建构、维系与延续这样的人类社会。

阳烂村的资源配置采取家族联合的方式，家族联合仍然是以族群血缘为纽带的，族群血缘是资源配置的基础，这也是村落资源配置的基本方式。在阳烂村中龙姓家族的"兄弟祖先故事"和杨姓家族的不同区域来源说表明，该村村民间具有两种血缘关系和多重拟血缘关系：在龙姓的"兄弟祖先故事"中所展示的是个别兄弟始祖与其子嗣的父子垂直血缘联系，而杨姓来源传说中所展现的是兄弟始祖间的平行血缘联系。这两种血缘关系在村落按家族的形式延续，但在面对资源稀缺时，村民并没有完全按照这两种关系进行资源配置，而是将这两种关系进行了组合，在村落里采取不同家族之间的组合方式而成为一种拟血缘关系，村落中的龙姓与杨姓的关系可以视为一种拟兄弟的血缘关系。这正如村民所理解的"我们以前是结拜兄弟"："我们可以打架，但不能记仇，因为我们都是兄弟。"这体现出一种平行、对等的结合关系。从本质上看，这些组合关系仍然可以归结为一种兄弟关系。这种组合关系的血缘隐喻，与村寨资源利用、配置有关。在村寨中，各家族基本上都在一种平等的地位分享、竞争地域性资源。

在侗族地区，一般是一个家族组成一个村落，当然也不排除一个村寨由多个家族构成的现象。虽然有多家族同处一寨，但家族与家族之间仍有其时空范围和界限，村民对各家族的地域也是很清楚的，以至在外人看来俨然一体的村寨，在村民的眼里却是有界限的。如他们要么根据各家族所处的地理位置将其称为上寨、中寨、下寨，或称为头寨、中寨、尾寨，或根据各家族进入该村寨时间的先后而称为老寨和新寨。家族是村寨基础，从家族出发往外延伸，可以

026

民居民俗

看到侗族的社会联系网络，即由不同的家族结成一个个婚姻圈，再由不同的婚姻圈结成一个"小款"，众多"小款"构成"中款"，诸多"中款"构成侗族社会的"大款"。从严格意义上说，在侗族地区能够履行"社区"①职能的是"小款区"。每一个"小款区"可以视为侗族地区的标准"村庄"，这种"村庄"，不是由几个村寨组成，而是由几个相关的家族组成的。侗族社会把纳入同一"小款区"的诸多家族视为一个整体，是一个被大家公认的社会生产协作单位。他们存在着姻亲联盟关系，有着共同遵守的行为准则，有着密不可分的经济往来，是由各种形式的社会活动组成的一个家族地域共同体。笔者在阳烂村做调查时，所调查范围并没有局限于阳烂村，只是住在阳烂村村民家里而已。笔者的田野工作的开展是基于阳烂村所属的"小款区"范围进行的。这个"小款区"的"款坪"在阳烂村的地界上，"小款区"包括阳烂、高团、高步、高秀、坪坦、横岭六个村。因此，在笔者的田野调查中，把这六个行政村作为一个标准"村庄"来看待，也即把这六个行政村视为一个完整的"社区"。这样的村庄是一个扩大了的村庄，这样的社区也是一个扩大了的社区，由此所构成的侗族社会"差序格局"的社会关系不是"逐渐从一个一个人推出去的，是私人联系的增加，社会范围是一根根私人联系所构成的网络"②，而是从家族出发，往下推及一个个家庭，再到一个个具体的人，往上推及到侗族的村寨组织"小款""中款""大款"。在这里，家族是核心，族内事无巨细，遇到任何问题，一律由家族成员推选的德高望重的族长召开公众性的集会来商量解决。由于侗族社会中这种群体性活动比较频繁，这极大地模塑了"寨老""族长"的权威，但是这些权威的力量又是通过侗族社会的习俗控制来体现的。

侗族村落的款约法内容无所不包，由此不仅明确了村落的资源，而且规范了村民的行为。村落的"款规款约"具有法律效用，每个村民都得绝对服从，具有极大的权威性且极为神圣。因为这些"款规款约"是由款组织（村寨的头人，这些头人是村落里德高望重、说话算话的人，可以统称为"款老"）共同参与制

① 社区是"以一定地理区域为基础的社会群体"。（《中国大百科全书·社会学卷·社区》，中国大百科全书出版社，1991，第356页。）按照费孝通的理解，就是"农户聚集在一个紧凑的居住区内，与其他相似的单位隔开相当一段距离（在中国有些地区，农户分散，情况并非如此），它是一个由各种形式的社会活动组成的群体，具有其特定的名称，而且是一个为人们所公认的事实上的社会单位"。（费孝通：《江村农民生活及其变迁》，敦煌文艺出版社，1997，第14页。）

② 费孝通：《乡土中国 生育制度》，北京大学出版社，1998，第30页。

聚落有寨籍

定，并在神灵面前歃血盟誓，刻石竖碑而确定下来的，它代表了村民的意志，也是村民的期望。"款规款约"是款组织自治与自卫原则的真实体现，在实施过程中、村民观念中，不仅有神灵的监督，更主要的是维护了家族族治与村治并重的原则。哪个家族的成员违反了"款规款约"，首先由其家族内部处置；哪个村落的村民违反了"款规款约"，就由该村村落款老来处置。如果哪个家族或村落对违反者不按照"款规款约"来处置，他们都将受到其他村落——参加款组织的所有村寨联合起来严厉惩处。在处置过程中是通过强制性手段来实施的，有些手段是十分严厉而残酷的——即使不处死，也难以逃生。如有的犯者需要用手拔出钉在鼓楼柱上的铁钉，有的甚至被活埋。"款规款约"在执行过程中实现人判与神判相结合，使人威与神威得到充分体现，这既体现了款约法的权威性，也体现了款约法的神圣性。如此一来，在侗族地区，村落内部的生产生活秩序一直都很好，村寨夜不闭户，道不拾遗。

侗族村落的款约法在村民看来是一种即使没有书面文字记录也可执行的契约，是村民所共同遵守的规则，对村民的行为有着无形的约束力。当然每一个人都希望大家尊重这些自发产生的规则，因此在这过程中就自动形成了帕累托改善，即通过变化使一些人行为变好而处境不会变差的改善。无论是契约还是惯例，之所以能存在是因为能产生公共效用，即大家都希望从资源的保护和合理利用中获得既定的好处。在这种共同期待获利原则的指导下，就共同体的相互合作而言，潜在的预期效用一定足以刺激缔约者相互为伴进行合作，并按照他们之间的共同分配效用的条件达成交易，从中获得最大效益。

其实，在乡村社会，效益的最大化受其文化惯例所制约，惯例的出现是由于社区内部存在着自我强制的规则。只有依赖自我强制的规则，最初纯粹的偶然行为才会变成公众的行为。这种惯例一旦形成，将会使社区所有的人受益，并且没有任何人会得益于背离和破坏惯例。但这并不意味着惯例的形成具有必然性，相反，从人类学的材料中所反映的事实看，这种惯例的形成可能产生于纯粹的偶然。但惯例基本确定以后，社区成员遵守这些规则就成了最佳选择，并自动发展成为一个固定的惯例。这一惯例在一定范围内具有自我强制的功能。这种功能的发挥也无须借助集体选择的权威进行压服，"对我们来说，'习俗'是一种外在方面没有保障的规则，行为者自愿地事实上遵守它，不管是干脆处于'毫无思考'也好，或者处于方便也好，或者不管出于什么原因，而且他可以期待这个范围内的其他成员由于这些原因也可能会遵守它。因此，习俗在这个意义上并不是什么'适用的'：谁也没有'要求'他一起遵守它。"①从村落公众的心理来看，如果生活在社会群体中的个人在大多数人都遵守惯例的环境下，而自己偏离了这种行为习惯，尽管不一定遭到集体或他人的报复，但可能会遭到他人的冷嘲热讽，使个体产生难以立足感。谁要是不以它为行为取向，他的行为在社区生活中就显得不适应。也就是说，只要他周围多数人知道这个习俗的存在并照此行动，他就必须忍受或大或小的不快或不利。在侗族社区，个体总是非常渴望被村落所接纳。在侗族的传统习惯中对个体的严重处罚就是驱逐出寨，割断与家族——村寨的一切联系。因此，村民总是按照村落群体的规范行动。

（三）寨籍与"客人"

一般来讲，在乡村社会，家族与村寨在地域上是完全重合的，族籍、寨籍与地权的联系是十分紧密的。在乡村社会的村子，能成为"村子里"的人，即取得村籍，其实质就是要加入具体的家族中。例如，在贵州的清水江流域，由于山林资源是村寨的重要资源，因而在分配山林土地时，寨籍显得尤为重要。在"林农"的观念中，村落与家族是合二为一的。要成为村落的一员，也只有加入特定的家族后，才有可能在家族中获得山林土地资源。从清朝到民国年间，虽然当时的湖南少数民族地区建立了国家组织下的基层制度，然而不论是里甲制度还是乡保制度，在乡村社会想要发挥作用，都得通过乡村社会传统的家族组织来实现。因此，从表面上看，从清朝开始就在侗族地区设置了基层组织，在特定意义上实现了国家制度下的"寨籍"制度；但实际上这种村籍制度更多地表现为与"族籍"合二为一的"寨籍"，从严格意义上说就是家族村落。所以，一个外地人要想在少数民族地区获得山林土地，关键是要获得"寨籍"。

"寨籍"制度可以视为一种非成文法形态的地方性制度，集中地体现了家族成员浓烈的内向团聚心理。也正是这种内向的团聚心理才确保了村寨资源

---

① 马克斯·韦伯：《经济与社会》上卷，商务印书馆，1997，第60页。

分配的顺利进行。家族内资源的公共使用性，只是对本家族成员而言。家族内的宗教活动和家族的行为规范也只能约束本家族的成员。在乡村社会中，外地人需要通过一定的程序和手段才会被接纳为本家族成员。如通道侗族自治县独坡乡坎寨杨姓家族就通过过继的方式接纳了陆姓加入杨姓家族，陆姓加入杨姓家族后既可以改从杨姓，也可以保留原来的陆姓，不受歧视，随其自便。而该县播阳镇楼团胡姓家族在接纳吴姓成员时，吴姓成员统统改为胡姓。这种通过过继方式加入某一家族后，不论其原来是汉族还是侗族，或是其他少数民族，都一律被视为具有血缘关系的同胞兄弟。他们不仅可以长期定居于该家族村寨，成为该家族村寨的成员，而且他们同时也具有享有各种资源的同等权利。

乡村社会中家族的地理边界的含义是地理方位和产权观念的统一。家族成员基于土地占有权归属而对本家族四至地理空间界限的认同，和家族成员对家族地理空间内耕地、山林的监护权，由此实现了家族的地理边界和产权边界二者的直接统一。家族的地理边界是有形的，每当外家族成员对本家族地理边界内的土地资源造成侵害时，有着浓厚家族意识和家族共产观念的家族成员易与侵权者产生纠纷，发生冲突；相邻家族之间因人工营林业生产的需要而开展的合作，也以家族地理界限为依据。家族产权边界实际上是家族的共产观念和家族地界意识，是无形的，然而却是更深层的制约因素。乡村社会族籍意识的形成是一个动态的历史过程，它有赖于共同体意识的长期孕育。族籍这一地方性制度不是抽象的成文法规则，而是作为民间习惯法深深地根植于林农血缘、地缘合一的乡土关系网络中。家族地界意识实现由人对物的占有而引申出族群认同意识，而族籍制度则隐含着家族成员对土地资源的占有欲望。但是，有一点是共同的，那就是不论家族地界意识还是族籍制度，都反映了乡村社会具有内聚型的家族村落社区结构，并交织为特定的乡土关系网络。

侗族社会的地理分界并不是村与村之间的分界，而是家族与家族之间的分界。他们这种家族分界的逻辑是基于人对物的占有而形成的家族共同体意识，这体现出一种封闭的族群关系网络背后隐含着家族成员对土地资源独立占有的观念。家族的地界意识首先表现为人对物的占有，在家族共同体的家族意识中，家族的地理边界和产权边界统一观鲜明地体现了特定生态条件下人与自然密切的互动关系。从本质上讲，深层次的家族地界意识发生机制蕴含着族群关系的流动，当面对外家族成员侵占家族公共财产时所体现的家族共同体意识，又可以从家族村落社区结构方面加以解释。围绕家族之间的地界而产生的合作与纠纷，实际上是家族与家族之间对土地资源的分配过程。当外家族成员进入某个家族并产生永久居住的意向时，这一过程产生的不是村籍问题，而是族籍问题。从逻辑上讲，族籍就是林农资格问题。在人地关系较为紧张的情况下，外家族成员取得某家族成员的资格，就意味着要从有限的"蛋糕"中分取一份。为了限制这类情况的发生，族籍必然成为一项严格的地方性制度。从表面上看，族籍反映的是村落社群关系，实则涉及对物，特别是对土地的分配。族籍作为一种地方性制度，会产生直接的经济后果。

由此可见，族籍制度在乡村社会会产生深远的经济影响，在浓郁的家族村落共同体意识作用下，外乡人要想进入一个村落社区，哪怕是临时居留，都有一定困难。"客人"终究是"客人"，"客人"与"主人"是不同的两个系统。在侗族社会中，当地人视外来者一律为"客人"。"客人"是有其特定含义的，"客人"是受尊重的。成为"村子里的人"是在村落里占有土地的前提条件。费孝通在《乡土中国》中写道："我常在各地的村子里看到被称为'客边''新客''外村人'等的人物。"①"客人"不允许久留，更不允许在家族村落内定居，甚至在家族村寨内拥有不动产。

历史上，湘西乾嘉苗民起义的口号就是"驱逐客民，夺还苗地"。清乾隆五十九年（1795年）十二月二十四日，贵州省松桃厅大塘汛大寨营苗族石柳邓与湖南省永绥厅黄瓜寨苗族石三保等人，聚集于湖南省凤凰厅鸭保寨副百户吴陇登家中，与吴八月、吴半生、吴廷举等人在清朝的民族压迫和大量失去土地的情况下，共同商讨起兵反抗。他们提出"驱逐客民，夺还苗地"的口号，商定于来年农历正月十八联络毗连的松桃、永绥、凤凰、乾州四厅的苗寨共同起义。这是湘、黔、川三省边区苗族在改土归流以后，与进入当地苗民凤凰腊尔山地区的汉族官商之间矛盾激化的结果，同时也反映出在当地苗民中普遍存在"苗"与"汉"的不同观念。

起义军曾攻下乾州厅城，先后包围松桃、永绥、凤凰厅城。他们攻打清

---

① 费孝通：《乡土中国 生育制度》，北京大学出版社，1998，第72页。

军据点，夺回耕地，严惩作恶的百户及地主，与前来镇压的清军相持约两年之久。清朝剿抚兼施，在征调 7 省 18 万清兵大军压境的基础上，又笼络收买起义军领导中的个别动摇分子，并分化瓦解友军。加上起义军武器简陋，组织性与联络性较差，势单力薄，各自为战，很容易受到分割包围，因此一些据点先后被清军占领。石柳邓率所属部队转入湘西后，曾与各路义军迎击来犯的清军。在乌巢河谷战役中，吴半生、吴八月、石三保等人先后被俘。清嘉庆元年（1796 年）七月十五日，义军占领时间长达 1 年 5 个月之久的乾州厅城失守。当年十一月中旬，吴八月之子吴廷义等领导的义军退守石隆寨。次年正月三日，在清军四路围攻下，起义军宁死不屈，击毙了清军的守备、千总、把总，最后全部壮烈牺牲。清政府在镇压乾嘉苗民起义以后，在苗疆修复"边墙"150 余千米，建碉堡、哨卡、关口 1100 余座，招屯兵 7000 人，备战练勇 1000 人，实施"屯田养勇，设卡防苗"的政策。屯田制度的建立，不仅掠夺了苗民的田土，压制了苗民的自由，后来屯租剥削日重，导致此后再一次爆发"革屯运动"。

（四）聚落资源有"界分"

湖南少数民族中的侗族村落的资源已经按照文化属性进行了分野，已形成了对资源的有序利用及格局。现在要讨论的问题是这个资源的有序利用圈的边界是如何确立的。每个民族都有自己确立的方式，每个民族的村落在其文化的支配下，也会采取具体的措施。文化不仅定义了资源，文化也规约了资源。在村落中，每个人都十分清楚什么是你的，什么是他的，什么是我的，什么是大家共有的。也就是说，村落资源的界限是明确的。资源是村民赖以生存的物质基础，如果资源的界限不清楚，村民就无法利用资源，村落就不会形成正常的运作秩序，村民的灾难也就开始了。因此，在乡土社会，如何确立资源的边界是最为重要和最为现实的。

在乡土社会，村民的生存资源基本上可以分为山地资源和农田资源两大类。

在阳烂村，村民的山地资源主要是林地资源，对林地资源边界的确定是很重要的。林地界线分两种：一种在地下，一种在地上。在地下设界线者多是在地面界线上往地下挖掘一米深处埋入木炭、白岩或青石，在埋入这些标识物时，一定要有接界双方和中间人及族长在场，否则视为无效。若日后发生争执，必请中间人和族长到场挖掘所埋标识物为证，以此理断双方争执。在地面设界线者，多是在沿林地交界线种植杂木或小竹，也有沿线挖槽或插石的。在做界线标志时也必须有林地双方主人在场，共同完成界线标识物设定，以此标明双方地界，日后不得有犯。因为这种山林地界的划分不是个人行为，而是家族成员的集体性行为，这就要求在社区内部具有认可的规范，在充分得到认同的基础上加以协调，使之成为一种社会价值体系。这种价值体系在一系列制度规约下，将家族、家庭成员的行动整合，成为一般性的社会秩序。

1.“让得三分酒，让不得一寸土”

侗族款约“法规”的“第十层第十步”规定：“屋架都有梁柱，楼上各有川枋，地面各有宅场。田塘土地，有青石做界线，白岩做界桩。山间的界石，插正不许搬移；林间的界槽，挖好不许乱刨。不许任何人，搬界石往东，移界线偏西。这正是，让得三分酒，让不得一寸土。山坡树林，按界管理，不许过界挖土，越界砍树。不许种上截，占下截，买坡脚土，谋山上草。你是你的，由你做主；别人是别人的，不能夺取。”①从这条规定可以看出，侗族人对山间的界线划定是十分看重的，宁可“让得三分酒，让不得一寸土”。“山有主，田有印，石头莫乱动，泥巴莫乱移”。该“法规”中一再强调决不允许“过界砍伐”。侗族社会中是十分看重林地定界的，其内容极为明晰。所谓“过界”，主要指家族与家族之间的林地界线和家族内部每个家庭所植林木之地的界线。作为侗族社会的一员，大家对这两种界线都了如指掌，不仅能脱口说出自己家族的林地范围和自己家庭的营林面积大小与四至，而且还能明确指出与之相关家族和家庭的林地范围。某块林地是怎么来的，过去发生过哪些纠纷，其纠纷的调停结果如何，他们都一清二楚。侗族的“条款”第十三款对家族内部各家庭的林地使用也做了相应的规定：山林“各有各的，山冲大梁为界。瓜茄小菜，也有下种之人。莫贪心不足，过界砍树；谁人不听，当众捉到，铜锣传寨，听众人发

聚落有寨籍

---

① 湖南少数民族古籍办主编：《侗款》，岳麓书社，1988，第89页。

落"①。由于林农习惯法的一贯执行,一代又一代林农才会对"山界"产生认同,大家也才会把"过界砍伐"视为罪大恶极。

侗族社会对山林地界的认同,是通过款约规定以及款首反复讲款,尤其是通过对违规者的各种处罚而实现的,这些规约逐渐成为侗族社会的惯例。这种惯例的形成虽然是由于社区内部存在着自我强制的规则,但是也只有依赖自我强制的规则,才能使最初纯粹的偶然性的行为变成公众的行为。社区成员遵守这些规则就成了最佳选择,并自动发展成为固定的社会习俗。这一社会习俗在一定范围内具有自我强制的功能。但这样的习俗是约定俗成的,若有人违犯,则要受到来自人们的冷嘲热讽,甚至惩罚。

因此,侗族社会内部家族之间的山林地界在以侗款形式的文化惯例的制约下,呈现为一种有序的社会安排,即使家族之间发生山林地界的纠纷,大家也是通过款组织去加以调解,家族之间的乡土关系表现为家族成员相互间的"守望相助",止息争斗。而面对家族外部的世界时,家族排斥非血缘关系的外人进入,而且对外来的侵扰也都有共同防卫与抵制的义务。这种家族之间对山林地界的"认同"也凸显出侗族社会生活中不同家族所结成的凝固化的乡土关系。也正是这种固化的乡土关系,有力地保护着家族的林地不被外来力量所侵吞,以至于侗族社会在历史进程中不但没有丧失土地,而且在侗族家族系统的保护下实现了对山林资源的有效配置,在此基础上实现了侗族社会人工营林业的发展。

侗族社会家族系统是由一种真正的或拟血缘的父系亲属关系联系在一起的感情上依附的共同体。他们由一些血缘相同或相近的人群组成,他们的尊卑顺序是按照与创业祖先的血缘关系排列的,其社会地位也是按照血缘关系确定的,谁最早进入该区域,谁就拥有最大的发言权。在侗族社会中,家族是一众由有感情、忠诚和历史因素构成的互有关联的父系家族成员,它也可能是以漫长经历中的共同传说与真实历史为基础的。他们基于共同利益和目的,以特定的组织形式和经营方式共同从事某一经济活动,家族就成为侗族社会中最重要最基础的政治、经济和社会单元。侗族社会家族关系的纽带把每一个人和每一个社会机制联系起来,使有效的合作能力达到了相当高的水

---

① 湖南少数民族古籍办主编:《侗款》,岳麓书社,1988,第 113 页。

平。这种情况并不单纯是社会有力地控制着个人，相反，社会规范和个人愿望在一切实际的目的方面达成了一致。很明显，在侗族社会内的任何一个人只能想方设法使自己成为家族中的一员，只有成为家族成员，才能在侗族社会中有所作为，否则，他将无法作为侗族社会的合法成员而达到生存目的，更谈不上去实现自己的愿望。

为了对侗族民间地方性制度与资源利用进行深入细致的研究，必须把自己的调查限定在一个小的社会单位内来进行。也正如雷蒙德·费斯（Raymond Firth）认为的那样，应当"以一个村作研究中心来考察这个村居民相互间的关系，如亲属的词汇、权利的分配、经济的组织、宗教的皈依以及其他种种社会关系，并进而观察这种社会关系如何相互影响，如何综合以决定社区的合作生活。从这研究中心循着亲属系统、经济往来、社会合作等线路，推广我们的研究范围到邻近村落以及市镇"①。村庄是一个社区。但目前我国乡村社会的行政村与作为社区的村庄，不论在地理范围还是在文化界缘上并不十分吻合。行政村是我国现阶段对乡村社会进行管理的基层政权组织，是为了方便行政管理等特殊的目的而人为设置的，这就很难说清楚现行的行政村是否真正具有"社区"的职能。

2. "远田变近田，远山变近山"

"远田变近田，远山变近山"，是阳烂村村民为实现水资源的充分利用而采取的重大举措。侗族村寨村民高度聚居，使得村民对现有资源掌握管理的难度加大。农田是村民的重要生存资源，而农田的水又是确保农业产出的关键，观察农田水位是村民每天必做的功课，暴雨过后的排水问题是村民焦虑的事情，而农田与住宅之间的距离遥远成为村民正常生产管理的一大阻碍。另外，随着人口密度的不断增大，而水资源空间分布不会变，水资源的人均占有量就会减少。为解决生活用水、农田生产管理的诸多困难，实现对水资源的有效管理，1972 年阳烂村有 30 多户村民在原生产队的组织下搬迁到离村落 5~6 千米远的地方居住。这种从村落分离出去的行为，在特定意义上是村民为满足生存要求的一种本能反应。也正因为如此，社区空间才获得了拓展，村寨的资源也获得

聚落有寨籍

---

① 转引自费孝通：《江村农民生活及其变迁》，敦煌文艺出版社，1997，第 13~14 页。

了有效的管理与使用，推动了社区的发展。

修筑水坝，提高水位。阳烂村村民通过人工改造天然河道，使整个社区的每一片耕地均有水资源灌溉，每一口鱼塘均有流水通过，每一栋住宅都处于鱼塘或河流上方。阳烂村的水田 80% 是靠阳烂河水灌溉的，为了确保河水的有效灌溉，村落与村落之间对水位严格控制，村民在河道设置水网水门，准确控制水位，使社区对水资源的分配与利用有序进行，以避免水资源争端的产生。

在河道上修筑水坝分流河水，村落历史越悠久，其获得水资源的机会就越多，获得的水资源也就越丰富。但是绝对不能对水资源有半点浪费。在此基础上，如果水资源很丰富，也可以考虑根据各村落需要灌溉的水田面积来分配水资源，以满足各村落民众的生存需求。就算是在村落共享的河段内，村民也是根据家族及家庭所属水田的历史来对水资源进行分配的。社区水网用水门来准确控制水位，务必使进入社区的水资源得到有效利用后才能流出社区。与此同时，村民在构筑水田时，总是以栽培高秆稻种来积蓄水量，由此还可以在稻田养鱼，以求鱼稻双丰收。

在河段急流处架设水车，引河水灌溉农田。水车是阳烂村村民稻田生产中不可或缺的农事工具。在村寨前的河流边，沿溪流而下，随处可见随水而动的竹制水车。雨水季节分配不均，导致由山上入田的水量出现季节变化。少雨时节水量减少，促使村民在河段急流处架设水车，将水从河流引往农田之中，灌溉农田。河流成为农田水量的有效调节器，维护着农田中水位的整体平衡。村寨对河流水资源的极度重视与利用目的也就在此。

从阳烂村村民对山地与水田资源边界确立的形式看，村落资源的确立是靠文化去实现的，文化是资源边界确立的基础。民族是靠文化来维系的，在其文化的维系下，民族的生境才会确立；与此同时也就确立了其资源的边界。这种由民族文化来确立的资源边界是神圣的，是该民族生存发展的前提与基础。要尊重民族的生存权和发展权，首先就要尊重民族生境的资源边界观。

我们从乡村经验出发可以获得的启发是：尊重文化规则是人类和谐的基础，文化是人类的创造物，也是人类的规范物。如果人类失去了文化的规范，人类的生命也就终结了。在人类生存的地球上，人类面对的自然界差异很大，因而在构建文化时也因各民族处于不同的自然生态位置而建构了特定的民族文化，以适应自己所处的自然环境。

聚落有祠堂

◇　荆坪潘氏的祠堂建筑

◇　潘氏祠堂祭祀风俗

◇　荆坪节孝坊

在乡村社会，家族观念根深蒂固，往往一个村就生活一个姓的家族或者几个家族，他们大多会建立自己的家庙祭祀祖先。这种家庙一般称作"祠堂"。

中国的祠堂，是祭祀祖先或先贤的庙堂，主要可分为神祠、先贤祠、宗祠三种。宗祠是一种最普遍的祠堂形式，被视为家族的象征，是族权与神权交织的中心。宗祠有大宗祠、统宗祠、房祠、支祠、家祠等（前两种即民间的大祠堂，后三种即小祠堂），有时直接称为祠堂或家庙。

祠堂，以宗族血缘为基础，建构的目的是通过对祖先的祭祀供奉收宗睦族，增强本宗族的向心力、凝聚力，以求宗族的兴旺发达；通过祠堂之筑、堂号堂联、仪式活动、配以宗谱家谱的修订和族规民约的制定，严格地梳理本宗族的血脉源流关系，达到明彝伦、序昭穆、正名份、辨尊卑的目的，向后人昭示道德情感、伦理法治和文明教化史。

宗祠具有多种功能，一切有关宗族的重要事务都可能在宗祠处理。第一，宗祠最基本的功能是祭祖；第二，决议族内重大事务；第三，编撰宗谱；第四，制定和执行祠规或族规；第五，作为宗族"生聚教训"的场所；第六，是宗族的活动中心和社交场所。著名人类学家林耀华认为，宗祠是宗族中的宗教、社会、政治和经济中心，也是整族整乡的"集合表象"。无论在中国的哪个地区，不论你是观光者还是学术研究者，在进入宗祠前，都要以一种敬畏、崇敬的心态来看待宗祠文化中的家族构建文化。

祠堂是每个村落必有的建筑，无论其规模还是重要性，都是其他建筑无可替代的，最开始作为同族人纪念同一祖先的地方，后来成为一个家族势力的象征。祠堂作为礼制中心，受祖先崇拜、宗法伦理观的影响，具有自己的特定功能。

祠堂，是族人祭祀祖先或先贤的场所，是我国乡土建筑中的礼制性建筑，是乡土文化的根，是家族的象征和中心。

祠堂文化既蕴含淳朴的传统内容，也埋藏深厚的人文根基，其内容包括祠堂、祠产、祠约、祠堂建筑规制、祠堂陈列格式、祭祀礼仪，以及宗谱家乘、行派世系、传记事略等，是中国重要的传统文化。以下仅以荆坪潘氏宗祠为例，来探讨祠堂文化对乡村社会产生的影响。潘氏宗祠除了用来供奉、祭祀祖先，还具有其他多种用途，例如族长行使族权惩罚违反族规者、家族开会、家族娱乐、作为教育场所等。

荆坪潘氏宗祠最早建立的时间为南宋，公元1139年11月竣工，这座祠堂距今已经有八百多年的历史，最早是用来供奉祖先牌位和举办简单的祭祀。据族谱记载："于四百多年前中方荆坪村建立了潘氏祠，供后人祭祖。"[1]当时民间没有大兴祠堂的习俗，因此只建有一座祖庙。现存的潘氏宗祠始建于明洪武年间，分别于清嘉庆六年(1801年)、道光十四年(1834年)、光绪八年(1882年)、1947年、1995年、2002年进行了六次大规模的增补维修，是我国保存最完整的祠堂之一。坐西朝东，占地面积1647.26平方米，建筑面积925.2平方米。通过捐资重修宗族祠的碑刻我们可以了解潘氏宗祠的来源，碑刻原文如下：

> 窃闻，根深则叶茂，源远则流长，宗支衍亦尤是也。溯源追本以继前源而放后昆。九三年，我族续修宗谱。一、二、九甲各代表经多次会议同意联祠合族，决定择吉举行联席会议，于公元一九九三癸酉岁六月二十三日，即农历五月初四在荆坪顺利召开大会，决定联祠合族、统一字辈、结为一体壮我族威，原九甲祠改为潘氏宗祠，共同管理共同维修，为合族祭典之中心谱书竣工，我族首士会议决定宗祠维修。[2]

碑刻分析：潘家根深叶茂、源远流长，各支系众多，为了更加深入了解潘氏家族起源，更好地促进潘氏家族的发展与管理，于1993年续修宗族族谱，故此一、二、九甲通过多次开会讨论，最后决定联祠合族。改九甲祠堂为潘氏宗祠，各甲共同管理和维护。

由此可知潘氏宗祠原为九甲祠堂，后于公元1993年宣布合族定为总祠，供所有潘家贞周后裔祭拜之用。笔者据潘氏族长所言了解到，荆坪潘氏分甲主要始于第六代，六代后裔子彪、子都分一甲、二甲，之后子都生九子，因此二甲里面又分有一甲二甲三甲四甲五甲六甲七甲八甲九甲十甲，但是第五

---

① 通过笔者考究，潘氏祠堂应建立于明洪武年间。
② 笔者注：此碑刻现存于潘氏祠堂内部。

甲过继给曹姓，故为九甲。这九甲祠堂地址分别为：一甲在岩头原，二甲在桐林，三甲在靖州，四甲在牛头坡，六甲在芷江，七甲在广西黎塘，八甲在天柱竹林，九甲在福建漳州。

（一）荆坪潘氏的祠堂建筑

祠堂建筑，一般强调伦理道德、儒家耕读、亲仁孝悌、科举功名、人丁兴旺之理念，其形制、雕刻、绘画内容大多以此为主题。如图 3-1 所示，从平面布置看，潘氏宗祠采取建立中轴线，两边对称的建筑格局，这充分显示出父子、君臣伦理教化的特征。其四合院式的建筑形制，把"四水归堂"的文化概念融入祠堂的二进间、三进间建筑模式中。祠堂的每一个建筑样式都具有特定的文化内涵。

图 3-1　潘氏祠

五级台阶。祠堂门前的台阶，有的是五级，有的是十一级。五级台阶分别代表建、和、贵、发和登。"建"是建功立业，"和"是天地和谐，"贵"为门庭富贵，"发"为四季大发，最后的"登"为五子登科、加官晋爵。当然，有的祠堂前会有十一级台阶，这十一级就补充了顺、圆、科场、至尊、美、出头六大内容。不论是五级还是十一级，其台阶的含义都代表了对家族的美好祝愿，希望家族成员通过第一步的"建功立业"打下良好的基础，再不断努力，最后"光宗耀祖"，从而昂首阔步走进祠堂。

廊坊。祠堂的廊坊也称走廊。抬头往上看，就是潘氏祠的牌坊，牌坊也是按照风水学的八卦九宫式样建造。风水学认为，只有合乎八卦九宫才镇得住宝地，才能镇住宗祠的所有官煞及其他煞气。正端门有多宽，门槛石就有多宽——三尺一寸八（1 尺 = 10 寸 = $\frac{1}{3}$ 米，1 寸 = $\frac{1}{30}$ 米，全书同）。进门前要鞠躬。进入祠堂后的第二道门与牌坊之间有五尺。第二道门为顶门，它是半圆形的，表示"天圆地方"。头上三尺高处有神灵，以宗族最高的人为衡量标准。顶门与戏台紧紧相连。

端门。祠堂牌坊的门称为端门，也叫正端门。祠堂的端门，偏梁上面有双龙抢宝图案，该图案下面是双凤朝阳图案，再下来就是"潘氏祠"三字题额，下面就是四字题词"嗣徽越府"。嗣徽越府上有浮雕八洞神仙，八洞神仙表达的意思是门星在嗣徽越府之中。由此可以看出"潘氏祠"这三个字就属于门楼牌匾，并以此为中轴线分左、右两边，左、右两边各有四幅相对应的画，以此对应八卦九宫中的八卦。它的两边有一副对联："乾坤北合花间鸟语人丁旺，日月东升水绕山环气势雄。"牌坊上的每一幅画为一卦，八卦分别为乾卦、坤卦、巽卦、兑卦、艮卦、震卦、离卦、坎卦。

八卦归于宫，在中间有四幅画代表九宫。从下往上看，最下面为八洞神仙，表示后代要各显神通，要忠、孝、义、贤、仁。九宫的宫中为四字"嗣徽越府"，这是希望子孙后代要超越前人。牌坊上有一对盘龙，为青灰色。若做成金色的盘龙，在古代是犯忌的，古人认为这会招来灭族之灾。左边为宝塔山，右边为金顶山，这是皇帝祭天的地方，祈求五谷丰登，六畜兴旺，百姓安居乐业。最下边的两幅画为麒麟，麒麟为瑞兽，送子、福、禄、寿。在上面靠近瓦片的地方为双凤朝阳，代表各个地方的子孙归心似箭。最上面为双龙抢宝，要子孙后代学习龙的精神。

除此之外，在祠堂前面的两侧还绘有四幅展现潘氏历史或开拓精神的图画。

其一是《姜子牙钓鱼图》。这表示潘家是姬昌的子孙后代。潘氏族谱记载：荆坪潘氏是姬昌的第十五个儿子毕公的儿子季孙的后代，季孙是姬昌的

聚落有祠堂

孙子。文王得天下后，分封子孙后代管理各个地方，就此季孙管理河南省荥阳市高山村那一带，也叫作潘国。故此季孙改姓潘，以地各为姓氏。此画讲述了潘氏起源史。

其二是《三英战吕布图》。吕布作为汉末名将武艺高超，若论单打独斗，刘、关、张都不是他的对手；但是三个人一起作战，就可打败吕布。这幅画代表了团结一致的精神，同时也是潘家前人对后人的告诫：潘家后人需团结一致，这样方可使潘氏家族流芳百世。

其三是《张飞夜战马超图》。张飞与马超大战一百回合而不分胜败，此时夜色已深，属下劝张飞回关明日再战。但是张飞却不愿就此放弃，夜晚点火再战马超，最终张飞取得胜利。这幅画要表达的是坚持不懈、奋斗不屈的精神，这也是对潘氏后人的期盼。

其四是《包拯打龙袍图》。这幅图是告诉潘氏后人要讲孝道，无论你是天子还是平民，都要孝顺父母、祖先，这是为人之本。

以上四幅图，也称乾卦图，位于祠堂的左边。以下四幅图位于祠堂的右边，为坤卦图。

其一是《黄鹤楼图》。此为兵分天下三国归一，这也就是表明潘氏先人希望潘氏后人团结一致，切不可搞分裂。

其二是《潘美点将图》。潘美①是宋朝的开国大将，战功赫赫。为了纪念美公的英勇，设计者截取潘美点将这一细节创作了这一幅画。

其三是《岳母刻字图》。岳母刻"精忠报国"四字，表明潘氏先人希望潘氏后人忠心，忠于国家、忠于家族。

其四是《孟宗为母哭竹图》。据传孟宗的母亲病重，在寒冬时节特别想吃竹笋，因此孟宗就去竹林求笋。因为冬天冰天雪地没有竹笋，孟宗就跪地求笋。因其诚意感动上天，竹林地面裂开，冒出竹笋。孟宗大喜，便赶快拿起锄头来挖笋给母亲吃。这个故事告诉潘氏后人，要以孝当先，用孝来感恩长辈。这也是孝道文化。

牌坊上的这八幅画，其雕刻栩栩如生，象征着八卦。表示万变不离其宗，八卦最终要归于中宫。中宫即九宫，九宫必须满贯，按照十进制的原

---

① 潘美（925—991年），荆坪潘氏始迁祖潘贞周的祖父，宋朝开国大将。

则，十个为满贯。嗣徽越府上面的十位人物画就代表了九宫，这上面雕塑的"八仙过海"比喻人丁兴旺、财通四海之意。嗣徽越府中的"嗣"代表子孙，"徽"为官员，"越"是超越的意思，"府"指潘家，因此"嗣徽越府"反映了荆坪潘氏希望后代可以超过前辈，代代为官，这是他们美好的愿望，也体现出家族"忠、孝、义、勇"的家国情怀。

祠堂前的端门石长三尺一寸八，这和当地的"三山四水一分田"有关。田为土，可生万物，说明这是个有灵性的地方。外人到访时，首先需站在端门石前鞠三躬，之后在右边门处敲一下，之后族长就会出来迎接，方可进入祠堂。过了端门，紧接着就来到顶门，顶门呈现半圆形，表示天圆地方。现在还有一个说法——"头顶三尺有神灵"。

通过顶门，穿过戏台，就进入祠堂的大天井。顶门之所以与戏台紧紧相连，是因为在戏台上可以有百味人生，花样角色。古人认为，头顶三尺是青天，青天上面有神仙。神仙只是人们信仰中的一个虚构物，现实生活中是没法见到的，因此只有在戏台上才会有人物扮演的神仙，也是一种喻义，赋予它一个实体。

戏台：戏台由直立的四根柱子搭建而成，在戏台的前、左、右侧无墙面，方便观众看戏。支撑整个戏台台面的是十二根并排而立的柱子。在族长的解释中，十二根柱子代表一年的十二个月。当然有的戏台做十三根，因为还存在闰一个月的情况。从戏台的整体布局来看，分为前台和后台，前台是表演者表演的地方；后台则是表演者休息的地方，同时又分为左、右两厢房，即从后台通往前台必须经过左、右两道八字形的圆形木拱门。

戏台上有五扇门，一扇大门四扇小门。这五扇门代表戏剧的五个角色——生、旦、净、末、丑。演员在大门外演戏，其他的人就可在小门内休息，所以这四扇门又叫休息门。"出将入相"，将从右边出，相从左边入。而戏台却是恰恰相反的——演员入台唱戏是右进左出的，这就表明戏台上的一切是虚的而不是实的。戏台顶部设计成荷花状，它同样也是代表虚无缥缈，意味着舞台上所演的都是虚无缥缈的，不是真人真事。潘氏祠于清嘉庆六年（1801年）农历五月初八被洪水冲毁，戏台也在此次大水中被摧毁，现存戏台是后来修缮的。

戏台上有一副对联，上联：勤者有功问君为何才坐；下联：戏原无益看

聚落有祠堂

你怎样下台。这副对联告诉大家，可以品味戏台上人生的精华、糟粕、顶峰、平淡或黑暗，这里要什么有什么，神仙、皇帝等都会在舞台上演出，舞台上面包罗万象。而"勤者有功问君为何才坐"，这是对下面的观众来说的。过去进入祠堂是有讲究的，有等级区分的，不是你想进来看戏就可以进来的。

通过这个戏台走进天井，映入眼帘的就是三级台阶，寓意着乡试、会试、殿试。三级台阶也叫"状元阶梯"或者"三元阶梯"。过去科举考试，由乡试到殿试，乡试的第一名称为解元，会试的第一名叫会元，最后到殿试，第一名则是状元。若某人从乡试到殿试均是第一名，就可以称为"三元及第"。因此，这里的三元阶梯或状元阶梯的名称，寓意着潘氏族人连中三元的愿望。

玉带路：整个玉带路以南方地区特有的大青石为原料来铺设。这条路可以分为三个部分：中间一米左右（两尺九分八），一直延伸到祠堂内部，看起来像玉带一样。过去这是达官贵人所走的路；同时这也是男女分界线——看戏的时候男左女右，左边是男人坐的地方，右边是女人坐的地方。玉带路只能是男人所走的地方，其两侧就是达官贵人的亲属以及部下所走的路。族长介绍，走上玉带路就是走上人生的大路，这能证明你的身份和地位。

在玉带路的两侧是厢房，整个厢房分上、下两层，下层的两侧分别设有四个小的厢房，是达官贵人看戏时所居住的地方；上层也是看戏的地方，当然没有像下层一样设立独立的小房间，而是连通成整体。厢房按照看戏时男左女右的规定，左手为大，男人就居住左边，并且以左边最后一间房为大，并依次按从大到小、由高到低的顺序排列——大贵人、大官员，按地位顺序排列。右边的厢房则是达官贵人夫人及亲戚住宿的地方。而这些达官贵人的女婢和丫鬟，则由当地宗祠的族长带回家居住。这样的安排也证明了在古代的封建社会，等级观念强，小到个人家庭，大到家族社会，可以说是一个男性主权的社会，这种社会，是在男权的基础之上建构的。

五服台阶：五服台阶就是"熟"与"生"的交接处，也是上堂和下堂的交接处。五服台阶的每一级都有特殊的寓意，依次代表生、老、病、死、苦。五服台阶之后便是功德堂，堂内挂的是象征着荣耀和功勋的牌匾。其中最为瞩目的便是"洪范九畴"。该牌匾居首位，是清乾隆皇帝赐予太常寺博士潘士权①的。这是其族内最为贵重的一块牌匾，其他则是后人按功德大小进行排位。②

穿过天井，走过五服台阶，就进入祠堂的会客厅，这里有许多金匾楼联，最中间一块金匾为"洪范九畴"。"洪范九畴"指是一本关于易学的著作，潘士权为此书续写补注，为《洪范补注》，收入《四库全书》存目。金匾两边是赞颂潘士权的楹联："十载寒窗多才博学师龙子，一枝神笔重业轻官著范畴。"其中一副对联——"平南扫北元帅武功开宋史，护驾安邦太师文德誉神州"是写给宋朝开国大将潘美的。

宗祠按照中国传统的中轴对称的方式来构建。会客厅是族里长老们商讨、议事的地方，大厅共有十八根柱子，最外面的为面柱，周围有十二根卫柱，两边最高的为金柱，两根最大的柱子为顶天柱。前厅与后厅隔断的地方称为活动壁，由六扇活页门组成。除了中间的六扇，两旁各有六扇，加起来一共十八扇。先民认为"十八"也喻意今人和去世的祖先隔着十八重天。

中间的六扇活页门只有在重要的日子才会打开：迎接天子，冬至节祭祖，惩治族人。例如，族内出现兄弟相残、不遵孝道、乱伦等事情时，就会打开十八扇大门。可以说祠堂也是处理宗族事务的地方。

进入祠堂的门槛是很高的，之所以设计得很高，是因为旧俗中门槛的高低是衡量一个家族地位高低的标准，因此门槛越高越有面子。能够迈进祠堂高门槛的人也都是有身份的长辈和贵客，同样得遵从"男左女右"的原则：跨过门槛的时候，男的先迈出左脚，女的先迈出右脚。这也体现了古时"男尊女卑"的旧思想。

进入祠堂最里面有一个小天井，其左边以前是厢秘。过去厢秘也就是一个密闭的小房间，封得严严实实的，厢秘里面放的是族谱和潘家过往历史的

---

① 潘士权(1701—1772年)，字龙庵，号三英，黔阳荆坪(今属湖南省中方县)人，清代琴家、占卜家。贞周第二十六代孙。

② 笔者注：功德堂后便是潘氏祖宗的灵堂，灵堂上的排位排到十五世。但是有一个特例就是有关潘士权的灵位，按辈分来排的话，潘士权是没有资格位列其中的。但是因其功劳大，就把他加了上去。还有一个特点就是灵堂之上，供奉的都是七品及以上的潘氏祖先，也就是说都是副贡生级别的人物。灵堂之上排位众多，有一百多人。但是据笔者统计(乾隆)(同治)《黔阳县志》包括外地潘氏为官之人没有这么多。

秘籍，故叫作"厢秘"。厢秘里面还挂有"忠孝廉洁"四个字的牌匾。

进入十八重天以后就要与天相连，天有四方，因此天井呈正方形，分东、南、西、北四个方向。十八重天与天相通，吸取天地之精华，站在天井中间，可取天地之精华。根据"天有四方，地有八角"的原则，地面八角又有阴角阳角之分，两角中间以水沟分开，此为阴阳之分。

天井中的水不能流出去，只能积，所以上面的水落下来之后都积在下面的沟内。水沟有积水的功能；但是积水又不可从表面溢出去，所以需要采取特殊的设计来藏水，以供循环，此为"藏风聚气"，所以说天井地面的设计内有乾坤。正如《黄帝宅经》[①]中所说："夫宅者，乃阴阳之枢纽，人伦之轨模。非夫博物明贤，无能悟斯道也。"所以说"藏风聚气"对于祠堂来说是非常重要的。

祠堂的最末端就是供奉潘氏祖先牌位的地方，殿中共有三座神龛，神龛中供奉的分别是宋熙宁七年（1074年）由鲁迁黔的始祖、光禄大夫、一世潘贞周及其妻子姜氏和舒氏，二世潘士端及其妻子江氏，三世潘宗晴及其妻子李氏。贞周的牌位居于中间，士端及宗晴的牌位分别在贞周的右左位置。

潘氏三座神龛供奉的是潘氏前十五世祖先，唯独第三座神龛下留有一排位置，这也是希望潘氏家族有更多"光宗耀祖"的后人能够被供奉在神龛上，下面的位置就是为这些人而留。在所有牌位中，有一位最为特殊，即中间的潘氏二十六世潘士权。

最后一点要说明的就是，在后殿的三合土地面上除了有麒麟图案，在正中间的位置还有一处用瓷片贴制的龙凤"福"形图案，四周被四只蝙蝠包围着，蝙蝠喻意"福"，合在一起就为"五福临门"。

（二）潘氏祠堂祭祀风俗

祭祀是族人间精神联系的一条纽带，通过祠堂仪式活动，密切了血缘关系，联系了族众感情，强化了家族内部的凝聚力和向心力。特别是通过祭祖

---

① 《黄帝宅经》：原名《宅经》，作者为张述任。风水史上早期最重要的典籍之一，为现存最早的住宅风水书。

强调了家族内部上下长幼伦序，宣传了以孝悌忠信为核心的伦理道德，提倡子女对父母、子孙对祖先的孝道。这样从幼年起，长幼之序、孝悌之礼等礼仪就会在族人心中深深地扎下根。族谱记载着一个宗族的源流、始祖的功绩、迁徙过程和他们族支的世系承传与繁衍史。各宗族的族谱多通过叙传、碑记等记叙历代祖先出类拔萃的事迹，如显宦名儒、孝顺的子孙等，为后人树立起效仿的楷模，以激励后人奋发努力，有所作为。族规民约以伦理纲常为道，制定家族成员必须遵守的道德准则和行为规范。如其关于"忠""孝""节""义""礼""名分"的规定，关于修身、齐家、敦本、和亲之道，关于"职业当勤""崇尚节俭""重视教育""济贫救灾"等规定，充分反映了族规民约对族人的教化功能。当然，祠堂文化教化功能最直接，因为有的祠堂附设学校，族人子弟就集中在这里上学，让祠堂变为传授知识的课堂。

祠堂曾是族人的议事场所和司法机构。祠堂作为本族的大型公共空间，族内的大型活动及其他族内重大事务的商议都在祠堂内进行。根据族规，本姓族人的日常行为不得违反族规，一旦触犯，或发生纠纷、治安等案件，先由族长等人召集全族人于祠堂进行审议，教导过错方及时悔改并给予相应的惩罚；若犯事严重，则可能被驱除出族，甚至在祠堂中被剥夺生命，让全族人引以为戒。在此，祠堂便充当着如今"法庭"的角色，族长便是"法官"。

每年冬至这一天举行祭祖活动。冬至在二十四节气中是万物苏醒之际，万事万物苏醒，开始萌芽，开始有思想意识，所以民间对待冬至这一节日是特别讲究的，如将家族祭祖活动定在冬至这一天，要召集各个地方的潘家子孙在这一天前来祭祀祖先。

（1）祭祀步骤。

第一步，祭祖。由族长(头人)带领全族各小分支的头人，在凌晨三点即寅时开始祭祖。祭祖前必须准备"三牲"，即猪首、鱼和鸡。

第二步，请相师。据传，相师也就是当地会作法的师傅，由他来请神灵和所有的潘家祖先灵魂到宗祠聚集开会。聚集开会的目的在于请他们享受人间烟火，享受后代子孙祭祀给他们的贡品、钱物、酒水。当地人认为，阴阳异地可以此为载体而相通。

第三步，祈福。祈求五谷丰登、万事顺利、心想事成。出席活动的家族成员穿戴都是有讲究的。在这种祭祀场合，男性必须穿长衣长衫、布鞋布袜，而且要头戴礼帽。对于参与祠堂祭祀的女性又有另外的要求：必须年满五十周岁。之所以定为五十周岁，是因为旧社会医疗水平不发达，与现代人相比，寿命普遍较短，一般五十岁就算是老年人了。既然是老人家，就应有祭祖的权利，有权参与整个潘氏文化活动。

第四步，诚心念经。所到之人（家族成员）必须心诚，存善念。如果你没有善念，那么再祭祀也是枉然。心诚的表现为口中念念有佛：第一是释迦牟尼佛，第二是药师佛，第三是阿弥陀佛，第四才能念叨观世音。

（2）祭祀过程。

《中国地方志集成·湖南府县志辑·雍正黔阳县志 同治黔阳县志》①言："祭祀所以礼祀神祇也，以多为贵、以少为贵，礼言之详矣，凡以为称也。"第一，家族成员首先要把牙盘准备好，早晨和晚上的祭品不同。晚上要备牙盘和豆腐。所谓牙盘，就是肉、酒、鱼。早晨的祭品是水果、茶，水果有苹果、橘子等。但是不能用梨，梨是"分离"的意思，葡萄也是不行的。还有一点就是对祭祀香纸的要求：若内心是非烦重，有太多的心事者，可以准备十斤八两（1斤＝0.5千克，1两＝50克）的香纸，一般情况下准备三斤八两以内都可以，但是三斤八两又是一个坎，不可包含三斤八两，因为其象征人逝去，只有在白事的时候才会烧三斤八两的纸钱。第二，要向天地四方求神，需要准备十九个酒杯，东、南、西、北各四个，中间三个，必须面面俱到。第三，祭祀准备过程必须廉和洁，祭祀人保持廉和洁，身上不能带任何东西。第四，不要贪嘴，祭祀中敬了神的那些食物切记不要自己先吃，要让其他人先吃，要有怜悯之心。人家吃了，自己没吃，叫功德圆满。既然讲祭祀文化，那就是普度众生，要礼让人家。第五，必须磕响头。既然是祭祀，就必须敬畏天地，要对天地、神灵、祖先满怀敬畏之心。古人讲究"三叩九拜"，三叩指三宝精气神、道三宝道经师和天三伯日月星，象征三才；九拜指纯阳之数。第六，祭祀之人不能有贪念。祭祀活动中的核心在哪？祭祀的核心在于心，没有用心来祭祀，那就无从谈起，如同你想有念没有念，你想有求没有求，你想应没有应。没有心则不叫祭祀，不叫祷念，不叫孝敬。祭

---

① 江苏古籍出版社选编：《中国地方志集成·湖南府县志辑·雍正黔阳县志 同治黔阳县志》，江苏古籍出版社，2002，第82页。

祀的最后环节就是放生，这里要提的一点就是按当地说法，乌龟不能进入祠堂，放生的话一般是放鱼。祭祀完之后就是一个家族的人一起聚餐，祭祀象征着团结，聚餐可聚心，在聚餐的过程中族人之间可以相互交谈，增进感情。

（3）关于祭祀活动器具的规定。

第一，摆祭物的物件必须是四条腿的。不能用三条腿的桌子、三条腿的椅子，不能有三条腿的摆饰。比如按当地说法，三条腿的木马上面放块板子，这是绝对不行的。就算当时没有桌子，你要做个凳子的形象，也必须是四条腿的。第二，祭祀用的器具必须是洁净的。第三，不能用重杯。你刚刚敬了酒的杯子，我用它重新敬酒，按当地说法，这是绝对不行的，器具是不能重复用的。

惩戒奖赏

"修身、齐家、治国、平天下"这一家训的提出是对宗族人员的约束。孟子曰"不以规矩，不能成方圆"。一个家族想要兴旺发达，做人做事都要懂得讲规矩。作为一个拥有 30 多万人的大宗族潘氏，想要管理好一个大家族，族训家规的建立尤其重要。在宗族内部，族训类似于现有法律条款，如果有家族成员违反族规家训，家族内部就会惩戒违反的人。提到族规家训，不得不提族长制。族长作为一个大家族的管理者，在处理家族问题时应以族规家训为基础。

> 《潘氏家训十则》①：
> 一曰孝。亲心要安亲心志，遂热时要凉，冷时要暖，饮时要甘，行坐要伺候。凡一切愿望之处总要承顺，且能以爱子之心爱亲，方算是好儿子。
> 一曰悌。敬兄弟要尽情尽礼，不听枕边之言，不听外人唆。戒争戒斗，必让必忍，不为银钱挟怨，不为家产成仇，则由是而推伯叔一味谦恭，这才是好子弟。

---

① 摘自一九九三年中方潘氏族谱。

一曰忠。实心实意，无虚无伪，可质天地，可对鬼神。事所应为，情所当尽，不计利害，不论祸福一意担当。当官持此以存心，人以此谋事，这才是好汉子。

一曰信。心口如一，前后相顾，然诺不苟，应允必行。不诳人而反复无常，不任己而欺诈自由。情可孚豚鱼，约可践久远，这才是大丈夫。

一曰礼。待己接人，循规蹈矩，是谦是让，毕敬毕恭，衣冠整肃，言动和平，忌衰忌渎，不简不慢，这才是真君子。

一曰义。见则忘利，遇则勇为，临财勿苟得，临难勿苟免，志摇山狱，气冲斗牛，大不嫌于灭亲，公不妨举仇，这才是奇男子。

一曰廉。心则常清，欲则必寡，取之有道，得必无乘，一文且不妄贪，千金何至苟图。做官则百姓钦佩，在乡则戚友隆重，这才是清白人。

一曰耻。恐做丑事，怕有歹行，常防浃背汗颜，自奸盗之必戒，亦邪淫之务捐戒，慎恐惧常寓羞愧，渐悔何来，这才是稳妥辈。

一曰勤俭。勤则读书耕田持家辛苦，俭则使钱用米必须减省。早起晏眠，数米称薪，既出息之无量，富余之剩有济，小可免求人借贷，大富能济人饥寒，岂不是完全家。

一曰忍。饶人恕物，消忿息恼，遇混账辈不与之争，逢亡命徒且为之避，省却多少烦恼，自占无穷便宜，岂不是快活人！

以上十则潘氏家训主要包括孝顺敬重长辈、忠心、守信、知礼、讲义气、廉洁、知耻、勤俭节约和忍让。俗话说"人必有家，家必有训"。潘氏家训也继承了潘氏祖先对潘氏后人的告诫。在前面的祠堂建筑文化的解读当中，我们可以知道，牌坊浮雕画的选择对应的就是"忠、孝、义、勇"的精神。打造优良的家风、家训，其终极目的在于实现"家和""万事兴"，使得家族世代昌盛。家训的提出是警示后代，使之具备良好的品质。

《潘氏家规》①：尽忠尽孝爱家爱乡，立人立己必炽必昌，勤俭为本诚信为纲，慎终追远祖德馨香，居仁仗义谨言淑行，敦亲睦族天下为疆，富当济贫强应扶良，和谐相处遵纪守纲，互勉互助自强不彰，团结友爱振我伦常。

这些家规族训都是在维护家族团结发展的基础上建立的，对于违反者，家族内部有自己的处理方法。例如，笔者通过田野调查得知，潘氏家族曾经就有族人犯了族规而被惩罚的。据族长介绍，当时有一个族人杀了自己的哥哥，这在宗族当中是绝对不允许的。于是，在潘氏祠的会客厅内，十八扇大门打开，全体族人来审判那个杀了人的弟弟，族委会决定判处他死刑，最后就在濉水河畔将他枪毙了。虽然这个案例发生在民国时期，当今社会不存在这样的事情，但佐证了潘氏祠确实是具备惩戒作用的，家族的管理是依靠族规家训来维护的。

感恩报效，行为表率，是宗祠的另一大功能。前文所讲的祭拜是对祖先的崇拜与缅怀，是对前人优秀品质的继承和发扬，而不单单是寻求祖先的庇护和保佑。通过祭拜，继承先辈的优良传统与道德风范，感悟人生的真正意义，即勇于开拓和无私奉献；深刻认知"树本有根，水本有源"，人的根本是祖先。没有祖先，就没有父母，没有父母，何来我们？养育之恩比天高，比海深。报效的行为，一是孝敬父母，尊敬师长。报答父母的养育之恩，孝敬父母，不离不弃。特别是在长辈年高体衰多病需要照顾的时候，更要倍加关心爱护他们。如侍汤奉药，洗衣送饭，嘘寒问暖，让老人在人生的暮年享受来自子女的孝顺与敬奉，安享晚年。二是言传身教，感化子女。学习礼俗，尊重优良传统，培养良好的道德修养，温故而知新。给孩子讲解祖先创业的历史、历代贤祖的品德风范与功绩，让孩子了解历史，继承祖先良好的品格作风，知过去想未来。同时，行为与言谈举止得体，给孩子做表率，知贤能任，知耻而退。为人行事谦虚谨慎，不骄不躁，不张扬；待人接物不卑不亢，有礼有节，张弛有度。教育、引导孩子从小养成良好的行为习惯，"勿以善小而不为，勿以恶小而为之"。培养孩子德、智、体、能全面发展，树

---

① 录自《天下潘氏一家亲》第11页。

立远大的人生理想目标，积极努力奋斗。三是厚积而薄发。海纳百川，有容乃大。做人也是一样，根深叶自繁。要博爱、少抱怨；体健时多劳，心静时多思，怡情养性，知足常乐。

承前启后，继往开来。俗话说"创业难，守成更难"。这个"更难"难在哪里呢？难在没有发展，没有进一步的开拓与创造。一口只够10人喝的水井，20个人来取水，喝水就成了主要问题。再往后如何守？难不难？真的好难。祖先创的家业再大，留得再多，即使有金山银山，后人不思进取，不劳而获，坐吃山空，也只能坐以待毙。所以，发展是硬道理。继承先辈坚忍不拔的开拓创业精神，不断开拓进取，谋发展，而且要谋长远发展，谋世世代代可持续发展，才能使我们的家族进一步兴旺发达。还要有忧患意识，要实事求是，不能好高骛远。我们在做事时常常把"最好"挂在嘴边，"最好"是个极限词，空前而绝后，意为终点。但先人们告诫"日中则昃，月满则亏"，什么事情都是盛极而衰。从发展的角度看，"没有最好，只有更好"，这才符合事物的发展规律。试想，如果我们的祖先把什么事情都做得天衣无缝了，那我们后人岂不是会无所事事而游手好闲？要"常留三分田，待凭后人耕"。上对祖先，下对后人，都有个交代，才是最好。

家族聚会、娱乐。从族谱的记载中我们可以知道，一般大家族聚会都是在祠堂内进行的。就拿族长选举来说，据潘某①所述，选举族长也是在祠堂内进行的。所有家族成员每人手中有一张票，可以投给自己想选的人。

进入潘氏祠，通过顶门，我们可以看见与顶门紧紧相连的戏台。过去的荆坪祠堂唱戏的机会是非常多的，除了冬至祭祖，只要逢年过节，或是酬神还愿，都会唱上几天甚至月余。同时达官贵人前来也会开台唱戏，所以说祠堂内也有娱乐活动。

祠堂是供奉祖先，祭祀祖先的场所。

由于历史变迁，宗族人口日益增多，很多家族不但有族祠（宗祠、总祠）、支祠（房祠、分祠），而且有跨越地域的大宗祠，甚至有跨国的宗祠。祠堂就这样把不同地域的有血缘的族众紧紧地联系在一起。祠堂祭祖有季祭、节祭、生辰忌日祭等。一般来说，无论巨族还是寒族，大家对祠祭都十

---

① 田野调查中访问的人。

分看重。如精心安排日期，定有庄严司祭仪式，一般要读族谱，使族众了解家族的光荣历史，讲述祖先的"光辉业绩"，以勉励族人；还要宣读族规、家训，以教育族众；参加祭祀的人要追思祖先遗训及遗范，以教育下一代。祭毕，族人间还要行礼，后辈向前辈行礼。可见，祠堂祭祀是一条精神联系的纽带，如前文所说，祠堂祭祖活动"密切了血缘关系，联系了族众感情，强化了家族内部的凝聚力和向心力"。

我们通过以上事例可以看出清时期潘氏祠堂在发展壮大宗族方面起到了重要作用，同时祠堂在维护国家和地方稳定方面也起到了一定作用。

（三）荆坪节孝坊

荆坪节孝坊是清雍正五年（1727年）为颂扬潘士权的婶娘李氏夫人，黔阳正堂①奉旨督建。潘李氏夫人出生于清康熙十六年（1677年）农历九月二十三日，于清乾隆二十五年（1760年）去世，享年八十三岁。但是关于建坊的时间，潘中兴族长有另外的看法——雍正皇帝在雍正七年（1729年）七月就下旨给李氏夫人建了这一座贞洁和孝道合二为一的金碧辉煌的牌坊。有关节孝坊的记载有很多，以（同治）《黔阳县志》的记载最具说服力。（同治）《黔阳县志》关于潘李氏的记载：生潘浚之妻，年二十七夫死守节。子士极，国学悦守母训，阁邑公呈旨起旌表。雍正六年（1728年）奉旨建坊入节孝祠，知县王光电题圣代母仪额颜其堂。

1. 节孝坊修建年代

关于节孝坊的修建时间有以下几种说法：一说是雍正五年（1727年）修建。此种说法的证据来自节孝坊旁边的碑刻简介；二说是雍正六年（1728年）奉旨建坊，此种说法源自《黔阳县志·贞妇》（卷六）中有关潘李氏的记载；还有三说是雍正七年（1729年）建坊，这种说法来自潘氏家族的记载，同时牌坊的一块砖上也刻有"雍正七年七月立"。这三种说法有时间差，但是前后年代相距不远，可能是雍正六年下的旨，雇正七年七月修建完工。因此，该节孝

---

① 正堂：释义为正屋、听政大堂。明清时对府县等地方正印官的称呼。

坊的修建可以以《黔阳县志》记载的时间为准。

2. 潘李氏的事迹

潘李氏二十七岁时丈夫潘浚就去世了，没有依仗。但是她的儿子潘士极非常用功，在国学方面的造诣很高。李氏的贤名在外，但是一生命途多舛，青年丧夫，中年丧子。

(光绪)《黔阳潘氏宗谱·文编·李宜人节孝录》(卷末二)中有云：

> 故廩生潘浚之妻李氏，柏舟劲节，竹户清操。殒所天于二十七芳龄，誓同穴于三九寒运。逮事祖父一老欢颜，敬承祖姑二人谪意。舅没则衰伤豺毁，姑存则盂涷鸡鸣。勤业思裕，后昆堪欢。卧薪卒岁，哭儿恐伤，衰母可怜，饮泣终宵。树蓄以佐薄产，俭素以济应酬。四子皆课成名，九孙悉娴懿训。既成显节，应发幽光。

此则材料是说潘李氏有柏树一样的节操，像竹子一样高洁。虽然丈夫早亡，但是没有就此放弃丈夫一家的生计。丈夫死后没有再嫁，而是继续照顾自己的公婆，四个儿子的功课也非常棒，都有了功名。潘李氏还要一个人操持一个家的生活，一个人要供养九个人。但是一切都做得很成功。

另(光绪)《黔阳潘氏宗谱·文编·李宜人节孝录》(卷末二)还记载：

> 节妇李氏，冰雪为心，璠玙比德。相夫有道，弋凫雁以翱翔，事上惟勤捧盘也。而黾勉迨兴。悲于黄鹄血泣为枯，遂励节于青松，云山留恨，和熊画荻。慈亲克比，严师卜窀，湘蘋妇道，置兼子职。恩逮辉庖之贱，善虽小而必为躬亲。络纬之劳，夜已分而忘倦。天佑厥德，子逾薛氏之三；长发其祥，孙过荀家之八。既树母仪于壶内，宜邀旷典于昌时。

这则材料主要是说潘李氏有一颗纯洁如冰雪的内心，有很高的德行，相夫有道，每件事情都要自己亲自去做，很是勤劳。品节像青松一样高洁。每天都为生计操劳，即使到了夜晚仍忘记疲倦。有妇道，而且儿子也受到很好的教育。

上述文献第三处记载：

> 黔阳县节妇李氏，节坚金石，操洁冰霜。二八于归，力任频繁；色养十年，举案半居。汤药夏劳，事舅姑兼祖姑，养生送死。以节妇而为孝子顺孙，娴内则更娴外，传画荻和九。以贤母而作业师慈父，行年五十一岁，昏定晨省，不离白发。孀姑守节，二十五春。夕惕朝干，道是青灯课子；克勤克俭，为苦雨凄风。成子成孙，不愧承先启后，是诚懿范，堪扬允蜀，潜光足采。互当请表，以励闺风。

此则材料是说李氏节操像金石、冰霜一样高洁。十六岁嫁入潘家，和丈夫相处了十一年，丈夫生病以后，李氏不辞辛苦，精心照顾。丈夫去世后，李氏还要照顾公婆和舅母姑母，直到他们辞世。是节妇，也是孝子贤孙。孀姑守节，克勤克俭，苦雨凄风。无论作为晚辈还是长辈，都能承担承前启后的大任，是节孝的典范。

在这座拥有悠久历史的古村落，最不缺乏的就是传奇故事。同样关于潘李氏的故事也有很多，这些故事中都或多或少表达了荆坪古村居民对潘李氏的赞颂与喜爱。

3. 节孝坊的建筑规模

牌坊上全用红砂岩雕琢而成，牌坊上面书"节孝"二字，双龙抢宝下方书"旨"一字，说明为圣上所赐名。横梁上雕刻着以二十四孝为内容的"人物像"。其中二十四孝人物图有六幅图，取自二十四孝里的四个故事。由于风化严重，一些图案已不清晰，只知道三幅图的主题是"卧病凿鱼""孟宗哭竹""岳母刺字"，都体现了潘李氏的孝道。建筑的形制是传统的四柱三间檐楼式造型，这种牌坊形制是清朝节孝坊的典型。节孝坊的四根柱子上都有石臼雕刻攀附其上。这四个石臼上有精美的雕刻，分别是两只狮子两匹骏马，材料也是红砂岩，只是这四个石臼由于某些原因现已彻底损坏了，只剩下光秃秃的红色凹槽。节孝坊宽约 6.5 米，高约 7 米，柱体上的石臼高度是 1.7 米。

红砂岩是潘李氏节孝坊的主要材料。荆坪地处湘西，这个地区的矿石以红砂岩为主，红砂岩的产量丰富，而且红砂岩的材质比较柔软，岩石比较规整，便于建造和雕刻。但是同时也有一个致命的弱点，就是容易风化。现存牌坊中有很多字迹已经严重风化，上面的题诗也已经看不清楚。红砂岩色彩艳丽，在雨后阳光下会异常艳丽。红色还是传统中国最喜欢的颜色，这也是选择红砂岩的原因之一。青石虽然不易风化，但是这个地区不盛产青石；而且青石的质地比较坚硬，最重要的是这里的青石大多不规整，没有很大的一整块青石可供修建节孝坊。

现在节孝牌坊被当作大门来使用，里面居住的是潘李氏的后代。节孝坊外有一圈围墙，据族长介绍，是清乾隆时期潘士权回乡修建会客大厅的时候修建的。这一圈围墙上有一扇门，是潘士权会客大厅的大门。以前节孝坊是不能当作大门来使用的，因为是皇帝赐予的。据族长介绍，因为潘士权的身份地位和节孝坊可以等同，所以在建会客大厅的时候，潘士权把节孝坊圈在围墙边。中华人民共和国成立后，由于家里人口增多，大家才把牌坊当作一扇大门来使用。

墙体在"文革"时期遭到破坏，有一半墙体被推掉了。牌坊的大致形态还在，只是颜色没有那么鲜艳，已失去往日的光彩。柱体上美丽的石臼雕刻被毁坏，遭到随意丢弃。现在的牌坊上还能看到其基本形制，但是上面的文字已经看不清，只有题诗还在：

天地列三纲，人生重五常。男子志廊庙，妇人守闺房。
忠孝与节烈，所事各异方。既已秉坤顺，从一誓不忘。
卓载李氏妇，十六适潘郎。年甫值三九，乃天数不长。
欲从地下死，谁与奉高堂。肝肠痛碎裂，含泪作未亡。
夫归泉中寂，妇代膝下忙。方承椿萱志，双尊又遇疮。
修身兼敬事，病药必亲当。祖亲弦断续，足疾时卧床。
扶持时背负，惟祝后必昌。以身肩三世，冰叶甚凄凉。
督力事田亩，纺绩复亲桑。皇天俾尔后，四俊列其旁。

长三忽见背，痛儿恐亲伤。如斯真苦节，潜德自宜彰。

世间伟男子，□□比幽芳。

君不见能章天锡下顺，一标各祠内孰匹。彤管流徽姓字揭，千秋万代光史笔。

岳士俊题①

以上诗文称赞潘李氏的孝道动天，品行很好，得以旌表。现在这些字体已经不能完美地展现在眼前了，但是潘李氏的孝道传说还在这个家族里流传。今天相关部门对该牌坊的保护更加完善，有专门的旅游局负责修缮以及维护。潘李氏的后人也在她的牌坊下幸福快乐地生活着。

4. 节孝坊的传说

由于潘李氏的贞洁和孝道感动了大家，于是清雍正就在他当皇帝的第七年七月下旨给潘李氏修建了这座牌坊。将忠于爱情和尽孝道结合起来修建牌坊予以表彰，这在中国历史上是第一次。节孝坊的修建意在使世间的女子能够效仿潘李氏忠于爱情，尊老爱幼。

我们从潘族长的叙述中可知晓节孝坊的来龙去脉。潘李氏为潘成月之子潘浚的妻子。潘成月在当时也是一位大官，官名叫同治。潘李氏十六岁时嫁入潘家，与潘浚相处了一十一年，潘李氏二十七岁时，她的丈夫便去世了。她与她的丈夫一共育有四个儿子——长子潘士楫、二子潘士极、三子潘士桃、幼子潘士柄。潘浚死后，潘李氏就承担起照顾一家人的责任——照顾她的四个儿子，还得照顾四个老人，分别是其夫潘浚的父母以及他的祖父母。潘李氏将这四个老人和四个儿子都照顾得很好。尤其是在照顾潘浚的继母时，潘李氏的做法特别令人感动。潘浚的继母没有小孩，而她自己又经常生病，半身不遂，卧病在床。潘李氏尽心尽力照顾婆婆的饮食起居，将继母照顾得无微不至。贞节坊是当地比较著名的一个景点，潘李氏忠于爱情、尊老爱幼的事迹也是当地流传较广的一个故事。

关于对爱情忠贞不二的故事，笔者从族长那儿听到几个版本。从这些故

---

① 摘自《史话荆坪·荆坪历代文史选粹》第 168 页。

事中可以看出，虽然这些故事以女性为主，但这些女性只有姓，并没有全名，而且我去问族长有关潘李氏的全名时，族长也是回答说不知道。从这些都可以看出当时女性地位低下。而且能在中国古代留下全名的女性并不多，从中足以看出父系社会中，男性地位比女性高出很多。而且这些故事之所以记载并且流传下来，也只是为父系社会服务并且是为封建统治服务的。我们应该取其精华——忠于爱情，尊老爱幼；去其糟粕——其中的封建思想成分。

聚落有"神灵"

◇ "头顶三尺有神灵"：人在做，天在看

◇ 乡村住处"万物有灵"

◇ 有住处就有土地庙

◇ 侗族"祭萨"

◇ 苗寨的"炯"

在中国传统乡村聚落社会，围绕民间信仰而存在的地方神灵、祭祀仪式、祭祀组织等是当地社会经济、民众精神生活的重要纽带，与乡村社会有着密切联系。在传统中国社会中，朝廷有专门祭祀天、地、祖先的场所；而在乡村社会中，土地庙往往是里社的中心所在。《说文解字》解释"社"字为"地主也，从示、土"。《周礼》云："二十五家为社。"可以看出，所谓"社"，一开始就表示一种地缘方面的联系。社的标志最初是上面涂着血的一束茅草，后来则演化为所谓社树，无论是茅草还是社树，事实上都是为了表明土地的占有情况与围绕庙宇形成的乡村聚落的现实存在。

（一）"头顶三尺有神灵"：人在做，天在看

现代社会，虽然人类已进入文明时代，科学知识、科学技术日益普及；但人们依然感到生活到处充满危机和不确定性，因为这是一个"出于偶然的社会"。而宗教人士认为宗教信仰可以帮助人们调适在现实生活中遇到的三个严酷事实——偶然性、软弱性和缺乏性（以及由此导致的挫折和剥夺），从而使人们在面临劫运和挫折时获得心理调适①。现代人有现代人的精神压力，而宗教人士认为宗教信仰作为一种心理调适机制，始终会执行它的心理调适功能②。例如，认为宗教可以提供某种慰藉。由于社会的复杂性和偶然性，某些人很容易对周围环境产生恐惧和焦虑。而宗教可以通过对神灵、超自然力量的信仰和崇拜，来摆脱人的恐惧和焦虑心理。比如，民间信仰中的灵魂不死，则可以给那些对死亡充满焦虑的人以心理慰藉。正如马林诺夫斯基曾说过的："促使人们选择自信的信念、自慰的观点和具有文化价值的信仰，在形形色色的丧礼中，在悼念死者并跟死者的交流中，在祖灵崇拜中，都为得救观念提供内容和形式。"③

个体的社会化就是个体从自然人成为社会人的过程。在这一过程中，人们通过社会互动，获得社会规范，形成人的社会属性，进而与社会保持一致性。而人们对民间信仰的感悟，对其社会化大有裨益。如民间信仰中的礼

---

① 托马斯·奥戴：《宗教社会学》，胡荣、乐爱国译，宁夏人民出版社，1989，第7页。
② 戴康生、彭耀：《宗教社会学》，社会科学文献出版社，2007，第130页。
③ 张志刚：《宗教学是什么》，北京大学出版社，2002，第32页。

仪，就能够帮助个体顺利通过人生的各个关口。费孝通曾对传统社会的成人仪式进行过这样的论述："一个人要从一种境界踏入另一种境界，在心理上需要一个转变，这是成人仪式的目的。"①此外，一些民间信仰来自人们对约定俗成的规范的共同理解，这些规范往往会规范个人行为，其效力并不亚于法律。

社会控制是一种有意识、有目的的社会统治。我国的民间信仰对社会控制的作用：首先，表现在通过诉诸超自然的力量，为人为建构的社会秩序涂上神圣化的色彩，达到维系社会稳定的目的。"君权神授"就是统治者用来强化其权威的手段，当皇帝被奉为"天子"时，人间的权力便会获得超自然的力量。其次，民间信仰的礼仪更是以象征化的方式来展示社会中的各种关系及其规范，从而参与到社会控制的过程中来。如民间信仰中的丧礼和祭礼，就是对人们之间的伦常关系及其准则——"三纲五常"的展演，如果有人违反，就会受到相应的惩罚。最后，民间信仰的控制是一种软性控制，它的力量往往超越正式的社会控制手段。正式的社会控制手段并非可以运用到所有场合，特别是当个人独处之时，民间信仰(许多时候借助神灵)却可以作为一种无形的关照者，时刻督促人遵守社会规范。

人对社会规范的认可是有限度的，而对神圣的东西却容易认可、尊敬与服从，而且有时候不需要知道理由而盲目认可。因为信仰是一种综合性的世界观，人们比较容易形成一个稳定的地域共同体，从而有助于社会的整合。此外，共同的信仰会带来共同的价值观，而价值一致性是社会整合的基础。正如索罗金在《当代社会学理论》一书中指出的："价值的协调是社会整合的最重要的基本因素，就是说，某一社会体系的大多数成员所希望、所同意的那些共同的目标，是整个社会结构和文化结构的基础。价值体系是社会-文化体系的最稳固的因素。"②另外，社会学家卢曼也认为，社会生活和个人生活的意义问题依然是宗教问题，而不是科学世界观的问题。宗教的特殊功能在于为个体提供一个意义系统，成为转化和支撑个体存在的偶然性和脆弱性的力量。宗教的组织系统和语义系统作为整个社会大系统中的一个不可或缺

① 费孝通：《乡土中国 生育制度》，北京大学出版社，1998，第221页。
② 戴康生、彭耀：《宗教社会学》，社会科学文献出版社，2007，第169页。

的部分，与其他次属系统共同构成社会整合的意义基础，通过提供个体生命意义的解释，进而参与整个社会秩序的伦理性意义资源的共建。①

笔者在 2015 年的田野调查中，目睹了"合款"立碑仪式的全过程。该聚落的上届款约是 1983 年签订的，经过三十余年的发展，原来的"款约"难以适应发展后现实的需要，于是五姓寨老经过商议，决定在 2015 年 8 月 18 日"合款"立碑。这次合款立碑得到县政府、镇政府的支持，不仅祭祀用的猪是政府花钱买的，而且政府还派了县委宣传部部长和镇党委书记在仪式上"发言"，表示重视与祝贺。笔者看得十分清楚，县委宣传部部长和镇党委书记对着麦克风大声发言时，除了几个村干部在认真听，几乎所有老百姓都在"忙自己的事"：年轻人在玩手机，老人在大声说话，小孩在打闹，妇女在聊天，好像现场没有"领导"在发言。

但是，当领导发言结束后，三位"祭司"带着五位款首慢慢走向立碑地点时，全场鸦雀无声，连小孩也不闹了，只听见风吹树叶的声音，在场的男女老少都在凝视"祭司"的一举一动，都在倾听"祭司"的喃喃念词。整个过程庄严肃穆，持续了一个小时。在这里，笔者与乡民一样感受到"祭司"的神圣，感受到"款首"的威严。在这里，款碑的内容也许不是十分重要的，而如何将款碑的内容"神圣化"确实更为重要。乡村社会的乡规民约一旦被赋予"神性"，大家都会遵守。而这样的"神性"都是在特定的时间、特定的场景、特定的人群中通过特定的"仪式"来实现的。当然，在这样的仪式中，乡民在"神性"的暗示下会自觉遵守，而这些"祭司"与"款首""寨老"也会在这样的仪式中不断地提升自己的"地位"与"影响力"。从当天立碑的仪式活动中，仍然可以想象潘寨在清光绪十四年(1888 年)"首会众等"立碑时的神圣场景。

潘寨是一个信神的社区，也是一个有信仰的社区——人们相信"头顶三尺有神灵""人在做，天在看"。人们的所作所为、所行所思都被头顶三尺之上的神灵所规约，进而被其所指引，规范着人们的行为与思想。但是，中国近代历次的文化运动都是在摧毁乡村社区固有的这种思维模式，这使乡村社会在这样的文化场景下进入近代社会。这种以西方主导的近代工业文明，将

---

① 田薇：《试论社会秩序与人心秩序的宗教性支持》，《中国人民大学学报》2006 年第 4 期，第 52~57 页。

乡村社会的这种生活样态视为阻碍历史潮流的存在。近百年来，乡村就成为被革命的对象，被视为阻碍科学与民主进程的"文化肿瘤"，非割除不行。尤其是 20 世纪 60~70 年代采取的行动——"打倒一切牛鬼蛇神"，打倒一切封资修的东西，"彻底洗心革面，重新做人"，彻底毁掉了乡村文化的根基。

其实，我们知道一个社会是不可能中断现有的先进文化而来重建新文化的，如同人不可能中断其生命而去获得新的生命一样。如果我们了解这样的文化生命与个人的生理生命的运行规律，我们或许就不会那么盲目与蛮干。如果在这样的历史进程中不断地识别真伪，对西方文化的"轻"与"重"进行考察，去伪存真，为我所用，定能使中华民族这艘巨轮乘风破浪，永立潮头。尤其在中国当代的乡村建设中，我们更不可盲目行事，我们需要有世界的眼光、全球的视野。

我们需要从传统中国的"文化中国"的特定价值与意义的角度去反思。我们不是夜郎自大，我们需要有反省的能力，我们需要把自己的历史放在世界文明的历史长河中进行对照。由西方文化主导世界航向的今天，我们仍可以从中发现其特定价值与意义，通过建立起中国传统信仰体系的基本框架，进而将这样的信仰体系与"文化中国"的进程及命运进行对接，从中可以了解乡村社区的信仰体系与国家的关系。在这样的关系中，作为文化大国的中国对历史上针对乡村社区民间的信仰体系所发布的政策进行评析，获知其利与弊、得与失。

（二）乡村住处"万物有灵"

"万物有灵"的学术概念最先由被称为"人类学之父"的英国人类学家爱德华·伯内特·泰勒（Edward Burnett Tylor）提出。泰勒在他的著作《原始文化》中，用了大量的篇幅来阐释何谓"万物有灵"。他在文中论述道："我们看来没有生命的物象，例如河流、石头、树木、武器等，蒙昧人却认为是活生生的有理智的生物，他们跟它们对话，崇拜它们，甚至由于它们作的恶而惩罚它们。"[①]这里的"蒙昧人"就是我们所说的原始社会时期的先民。泰勒在他的

---

① 爱德华·泰勒：《原始文化》，连树声译，广西师范大学出版社，2005，第390页。

论著中写道："每一寸土地、每一座山丘、每一面峭壁、每一条河流、每一条小溪、每一眼泉水、每一棵树以及世上的一切，其中都容有特殊的精灵。"①

在乡村，尤其是少数民族地区的乡村，大家认为无论山川、河流、古树、巨石、桥梁还是水井，都是人类崇拜的对象。因此有的山岭，特别是后龙山、关山，是不能挖掘的，古树也不能乱砍，巨石更不能开凿或爆破。如违背了以上原则，则会损伤"地脉龙神"，"会给村寨黎民带来灾害"。侗族百姓对田地和龙也很崇拜，遇上天干地旱或水灾，村民就得祭天祭地拜龙神。在侗族村落周围，大树几乎包围整个村寨，侗族村寨周围所有的山林都称作"风水林"。"风水林"严禁任何人砍伐，这一习俗世代传承下来，所以树木长得根深叶茂。从高坡上远远望去，一圈的"风水林"别有一番风景。大家对大树怀着崇高的敬意，

图4-1　祭拜古树

如果有什么不顺的，或者孩子有头疼脑热的，当地乡民都会请巫师算吉利日子，合着生辰八字，祭祀不同方位的大树（图4-1）。

岩石也是崇拜的对象，在侗族村落里多有"泰山石敢当"（图4-2）。泰山石敢当通常放置在路口，在木板或白岩石上画符，画上二十八星宿，"挡住那些不好的，野鬼就不敢来捣乱了"；写三个字代表二十八星宿，在写的时候要念全部的二十八星宿名称，另外，画符这个环节最为重要。②

①　爱德华·泰勒：《原始文化》，连树声译，广西师范大学出版社，2005，第519页。
②　笔者于2015年8月在占里村调研，占里村村民吴明冲（男66岁，建筑工人）口述。

民间信仰认为，在特定的环境，万物有灵，可以满足乡民心理的、精神的各种需求，为人们的生产生活保驾护航。这种民间信仰之所以能流传至今，正是因为它们存在的价值和意义不可取代，甚至超越我们的科学道德，超越法律本身。这种民间信仰不仅深入村民的内心，得到民众的普遍认同，对地笋地方社会（地笋是一个苗族村寨）个体的思维方式和行为习惯方面更是发挥着稳定而持久的作用。而且还丰富了地方社会的治理方式，成为村寨生存和发展的制度保障，对维护当地良好的村寨社会秩序发挥了不可或缺的作用。它是乡村文化的根。"人在做，天在看"是乡村社会规范人们行为的一把"戒尺"，是乡村社会秩序的核心机制。因此，维系良好的乡村社会秩序，不但离不开法律制度的保障，而且需要发挥少数民族传统文化中民间信仰的积极作用。我们不是提倡造神，而是创建一个"有神"的社区，有信仰的乡村，这样才能使乡村更有秩序，走得更长远。

图4-2　阳烂村泰山石敢当①

（三）有住处就有土地庙

土地庙，在乡村也称为"土地"。村民认为土地是村中的保护神，因此它是村落里必不可少的建筑。土地庙按建设的地点大体上分为两种：一是建在自家门前的、具有私人性质的、一般是自家人进行祭拜的土地庙；二是建在寨子公共地方的土地庙，比如建在水库边、大树旁、水井旁、道路旁、交叉路口处的土地庙。建在公共地方的这种土地庙，全寨子的民众都可以祭拜。

早期的土地庙十分简陋，通常是两边各放一块石头，中间留出一块空地，上方再垒上一块石头。这种结构的土地庙称为"磊"字形土地庙。它的规模十分小，一般只有0.3米到0.4米的高度，常常建在路旁或者墙角等不太起眼的地方。土地神最开始并非叫土地神，其前身是社神。在社神之中，土

---

① 笔者于2015年8月在阳烂村拍摄。

地神的前身是属于品级地位低的一类，称为小社神，散落于各个乡村的小角落中，不受重视。大社神则不然，他在人们心中被看作是神界之中数一数二的大神，掌管着世间可以生万物育百族的土地和土地上万物的生长，地位十分尊贵，很受人们的重视。祭祀社神的仪式也十分隆重讲究，是由首领带头进行祭祀，常常和祭天的仪式一起举行。村民认为，散落在乡村的土地神保护着一方小小的土地，是最贴近人民的神灵，能够保佑每一个人，因而得到大家的崇拜。于是，崇拜土地庙在乡村十分盛行。现在许多乡村之中，依旧随处可见土地庙，以及祭拜时留下的香火灰。

　　建在家门的土地庙称为大门土地，都是先建好了房屋再修建土地庙。各家的土地庙的建造因各家的重视程度和实际地形的限制而有所不同。一般情况下，较为讲究或者比较信仰土地庙的人家会十分注意土地庙的建造时间和地点的选择。通常土地庙的建造时间会选择在每年的农历二月初二或八月初二。除此之外，搬进新家的日子也可以开工建设土地庙。而且土地庙一般都建在进大门方向道路的旁边，传统上土地庙一般选择建在进大门的右手边。现在，有些人家因为地形因素的影响，会将土地庙建在进大门的左手边。虽然现在土地庙的建设地点不那么固定，但村民仍认为土地庙的建设不能太随便。

　　凤凰县腊尔山区天星村村民认为，只要有人居住的地方就必然有土地庙的存在。土地庙往往修建在路边，有的由村民共同修建，有的由一家人单独修建。但是无论是大家一起建的还是哪家人独自修建的，村民都可以去祭拜，对大家都有保护作用。当地村民认为，土地庙里住着土地公公和土地婆婆，"他们把妖魔鬼怪挡在村外，避免那些不好的东西进村伤害村民"（图 4-3、图 4-4）。

图 4-3　天星村三组的土地庙之一

年代比较久远的土地庙大多与古树相伴；后来新修的土地庙，村民也会在旁边栽上不容易老死的如楠木、杉树、金弹子等土地庙旁常见的树木。

天星村一组有几处土地庙，其中楠木树下的土地庙年代最久远（图4-5）。年过八旬的村民杨某回忆说，他小时候这个土地庙的香火很旺。他的爷爷告诉他，他的太爷爷在世的时候，这个土地庙的香火就很旺。从他的爷爷算起，推算下去，这个土地庙至少有两百多年的历史。杨某说："上百年前就已经有人来这个土地庙烧纸钱了，我们也跟着烧。"以前村子里的人口没有现在多，特别是院子里上面那个山垌垌上是个坡，根本没有人居住，整个一组就只有楠木树下这一个土地庙。杨某说："我公（祖父）那辈就已经在供奉了，公上面还有老太，太上面有祖太公。按算我公都有一百七八十岁了。"

图4-4 天星村五组的土地庙之一

图4-5 天星村一组楠木树下的古老土地庙

以前天星村一组只有楠木树下一个土地庙，整个组的人过年过节都来祭拜。后面随着人口增加，山垌垌上那个坡由没有人居住到住满人，那边的村民到楠木树下祭拜遇到一些麻烦，于是就近新建了两个土地庙。另一村民杨某说："如果是过节，上面那几家主要到上面那个土地庙，下面几家到下面的土地庙（祭拜）。"村子里的土地庙随着人口的增加也相应地增多了。

杨某从天星村一组嫁到河对岸，丈夫家兄弟分家后，杨某夫妇重新建房住到村口的马角坳。马角坳是河对岸村子的一部分，所住人家都是从河对岸搬过去的。随着人口增多，现在马角坳已经成为天星村一个独立的自然寨。因马角坳的村民与河对岸的村民原为一体，所以共用土地庙。马角坳起初没

聚落有「神灵」

有土地庙，现在在一处路口集中的地方建有一个土地庙。

一个自然寨即使只有一户人家，也要修土地庙。沿公路从天星村到新场村工班路段的路边，住着一家人，是由天星村河对岸村子搬过去的。原来那里是一片茶油树林，根本没有人家，也没有土地（庙）。这家人住过去后，新建了一个土地（庙）。村民说："都说土地是保平安的。工班那户人家打单住在那里，他家自己也建个土地（庙），可能是感觉有个土地（庙）安全，就建了一个进贡的地方。"

土地庙可以保平安，村民都相信这一点。有村民说："小孩子病了外出请人'打办'（方言，指治疗），回来晚了，一到土地（庙）那里就说：'土地公土地婆保佑！'那些死的丑的就不敢再跟了，不敢进入我们寨子。""晚上做工回来，看到土地（庙）心里好像壮胆一些，什么都不怕了。"

土地庙还可以使鬼怪现原形，关于这样的说法来自天星村村民流传的一个古老传说。村民摆龙门阵，说老一辈中有个人外出，路上遇到有个人要他背，这个人胆子挺大的，说背就背嘛，但是要背对背地背（背对背地背，陌生人才不会抱着这个人掐他脖子）。对方同意了。快到土地庙了，被背的人要求下来，背的人说不行，既然要背就要背到家去。过了土地庙后把背的人放下来，发现是一只野物。鬼怪变化成人形，一过土地庙就像耍杂技一样变回了原形。

土地庙要管五湖四海的"外地人"。土地庙修建在路边，是为了方便土地神做好村里的保护工作。凡是来自五湖四海的"外地人"，土地神都要管，不好的不允许其进村。村民田某说："有了土地公公，外地那些不好的，进不了村。""土地公公婆婆要揽事的，他要保佑几个院子，不让那些外地不好的东西进来。"

妖魔鬼怪被土地神拒之村外。该故事出自村民冶某的娘家贵州，冶某说："有些小孩子容易看到一些大人看不到的东西。我娘家的凤玲是个独女，每天晚上玩完了回家，走过土地（庙）都会叫她妈去接，说她怕，看到好多没头的在那（心理作用）。我们比她大些，我们走到那里却什么都没看见，她在后面又说看到好多吓人的（心理作用）。"

土地庙旁的树不能随意砍。村民冶某说："麻××家旁边的土地庙旁有一大一小两棵树，大的为古树，小的是野生的，两棵树把土地夹在中间。大家担心树越长越大把土地(庙)挤坏了，就找了个'理手的师傅'(指技术厉害的师傅)来打办，先烧纸钱请示，说担心树长大弄坏了土地庙，要砍掉一根树枝，保护土地庙。请示完了才敢砍。"

在乡村社会里，除了各家各户有土地庙，一个聚落往往也会有一个总的土地庙。潘寨的水口庵旁的土地庙是全寨子的总土地庙，修建时间比较早，"文革"时期被损坏了，改革开放后才开始慢慢重建恢复。潘寨五姓的总土地庙始建于清光绪十四年(1888年)二月初二。会首为吴运恒、吴开柏、李敷秀、伍子配、罗秀楷、蒋禧清；碑文是一副对联，左联是"公公永远常赐福"，右联是"凄凄四季送儿孙"。碑体如图4-6所示。

图4-6　水口庵土地庙

潘寨这个"永镇村中碑"的土地庙看似就这么简单，描述文字总计不到五十字。但我们经过田野调查发现，其背后蕴含着丰富的文化内涵。结合我们的田野调查，走进历史现场，可以探寻地方社会的建构历程。

清光绪十三年(1887年)，村里发生了一件十分重大的事件，或许与立这块碑有直接关系。这一年，吴姓与罗姓发生了"械斗"。罗家娶了吴姓女子为妻，但由于这女子不守妇道，与外地木商有通奸嫌疑。罗家按照规矩于六月六"晒谱"祭祖这天要将此女子押到罗氏宗祠"扯半边猪"①，以教育族中妇女老少，规范伦理。但这女子依仗吴姓在村落人多势众，逃到母舅家躲藏起来。罗家到吴家上门要人，吴家不但没有放人，反而把前来要人的罗家汉子打伤，引发家族之间的第一次流血械斗。为了平息这场家族之间的械斗，村落五姓"族长"聚众商议，制定规则，以安定团结地方。这一事件或许就成为潘寨五姓共立永镇村中碑的直接原因。

在这一次的潘寨"五姓会盟"中，最大的成果就是废除了聚落五姓通婚，明示以后潘寨"五姓"都按照辈分以"叔伯兄弟"相称。这样的称谓至今仍然盛行。我们在田野调查中发现，乡民相互的称呼仍是如此。而且在村中处理事务时也是以"叔伯兄弟"相待。

碑文为何列出"五姓"？在碑中罗列的"五姓"中为何吴姓有两人，其余四姓各一人？带着这样的疑问，我们在该村就有关"五姓入寨"历史进行了比较系统的田野调查。我们查阅了该村落五姓的族谱得知，吴姓来潘寨最早，按照《吴氏族谱》记载，吴姓于明朝末年就进入潘寨居住，而其余四姓均在清乾隆年间进入潘寨，前后相距不过二十年。根据后来四姓的族谱记载，以及相关的传说故事来判断，这四姓有的是来这里租佃吴姓农田而慢慢地定居下来，有的是吴姓林地的外来"栽手"②，有的是逃荒而来的。但到清朝后期，这四姓人口发展起来了，据点由过去的"点状"开始聚集为"村落"，到清光绪年间就形成了今天潘寨"五姓"的分布格局。

按照当地的观点，吴姓虽然也是外来户，但前来定居的时间最早，自然也就成为潘寨众姓的"老大"，在"有事要问大哥"的乡村社会，潘寨对吴姓是比较尊重的。况且在潘寨以外的周边社区，吴姓也是当地的大姓，就当时而言，吴姓人口处于绝对优势。这个格局估计在清朝后期就已经形成。也就是

---

① "扯半边猪"，就是将人体一边的手与脚捆绑起来，吊离地面，一边鞭打，一边审问，直到认罪。

② "栽手"，是指替山主栽种林木的劳动者，山主会根据栽手栽种树木的面积以及存活的质量签订契约，给栽手一定的"报酬"，包括股份、银两等。在契约中除了明确栽手和山主的收成比例，几乎在每一份佃契里都写明要求栽手三年或五年必须成林，对不能做到的，在契约中写明栽手"毫无系分""栽手无分""若杉木不栽，另招别人""若有荒废，以先前佃栽他人已成林木作抵"等。为了避免这类现象发生，在当地社会中建立山林租佃关系时甚至要分两个阶段进行：先立佃约，使佃户（栽手）取得在山主指定山场的栽杉种粟的权利，佃户当即开始林粮间作，栽杉育林；待三五年后幼林郁闭，进入管理阶段，再订租佃合同，确定分成关系。

说，吴姓是社区主导的力量。因此，在这次事件中立永镇村中碑时，吴姓有两位"族长"参加，以示其地位高于其他四姓。

为何在（农历）二月初二立碑？我们经过调查发现，二月初二在当地村民的观念中有三大特点：一是"龙抬头"，二是求子日，三是土地神的诞辰。潘寨的老百姓向我们解释，"龙抬头"指的是百虫于初春开始苏醒，按照当地的俗话，就是"二月二，龙抬头，蝎子、蜈蚣都露头"。所以，当地百姓希望通过祈求龙的庇佑来实现聚落平安的目的。

在潘寨，老百姓是把"龙抬头""求子日"和"土地神诞辰"三个事项合在一起来祭拜的。合在一起，就成为向"土地神""求子"了。这里，求子是关键。但凡想生儿子的，择吉日到村里的"水口庵"内求拜观音菩萨，一旦求子成功，必在次年观音诞辰那一天还愿，给观音菩萨上香、敬茶、添清油（茶油）等，还要给水口庵"挂彩"。

清光绪年间潘寨众姓建土地庙永镇村中碑时，其动机之一就是"凄凄四季送儿孙"。这一习俗流传至今，每年农历二月初二，凡寨中不论哪姓，只要头一年生下男丁的家庭，都要杀猪宰鸡前来祭拜。祭拜之后，则要邀请吴姓的"族长"到水口庵分食，寨中男女老少都要前去祝贺，共同分享"土地公公"给村里"带来男丁"的喜悦与快乐。共餐后，男女老少以"你问我答"的方式来歌颂土地公公，大家齐唱祝福东家，有时甚至会通宵达旦。

潘寨土地庙的祭拜，每年有两个确定的时间，即农历二月初二、八月初二，这两天是土地神的生日，必须进行祭拜。每年土地神生日当天，大家都会在土地庙上面挂上红布，因为生日时挂红，也表示"寿星挂红好兆头"的意思，所以每年的这两天水口庵旁和一些人家的土地庙都挂了红布。现在，水口庵旁的土地庙，除了土地神生日，平时每家每户有什么要求和愿望时，也会去祭拜土地庙。如生了孩子也会来祭拜水口庵旁的土地庙——无论生的是男孩还是女孩。还有在祭拜其他神灵时，在祭祀场所附近的土地庙也会点上蜡烛、燃香。

家中的土地庙祭拜时间各有不同，笔者总结了以下几种较为普遍的情况。一般人家每天都会上香祭拜土地庙，一天一次、一天两次或一天三次，根据各家传承下来的习俗而定。在比较信奉土地庙的乡村，有些人家在每月的农历初一、十五都会祭拜土地庙，还有传统节日时、开土建屋和出远门时

聚落有「神灵」

也会祭拜土地庙。另外，也有人认为祭拜土地庙只要自己愿意，随时都可以。

潘寨民众在祭拜的时候，比较正式的祭拜会摆上十几种祭品，有猪肉、鸡、鸭、豆腐、米粑、水果、糖果、酒等。祭品是祭拜者的心意，是用来孝敬土地神的。如果遇到比较重要的事，比如求子、求学业，还需要在祭拜的时候杀一只公鸡。上香时，祭拜者一边作揖（无须下跪），一边口中念词来表达自己的意愿，比如"土地公请保佑我一路平安，发大财"之类的话。祭拜家中的土地庙，是早晨起来，刷了牙洗了脸，吃早饭之前祭拜。在祭拜了土地庙向土地神求愿，愿望实现之后，要再来土地庙"还愿"。还愿时的祭拜仪式和求愿时一样，只是口中所念之词不同，还愿时念的是感谢土地神保佑之类的话。在祭拜仪式结束之后，再在永兴桥举行庆祝活动，如吃喜面等。

从古至今，潘寨的土地庙祭拜习俗和仪式一直没有变过，已经成为一种传统。如民众对土地庙的崇拜和信仰并没有随着社会和经济的发展而改变，祭拜土地庙的时间和地点依旧如前。

对于潘寨民众来说，祭拜土地庙是一种精神寄托和团结的象征，是一种延续了上百年的传统。祭拜土地庙也体现了潘寨民众对美好生活的向往，在祭拜土地庙时祭拜者会表达出自己的心愿。同时，祭拜土地庙的仪式是由潘寨居住的五大姓寨民集体决定的，大家齐聚一堂，这体现了五姓寨民的团结一致，有利于潘寨的团结和发展。因此，土地庙祭拜习俗在潘寨一直延续，历史悠久。

潘寨民众认为祭拜土地庙可以保平安健康和风调雨顺。土地神被看作最靠近寨民的一种神灵，可以保佑寨民的一切生活事情，特别是保佑民众一年四季的收成。在以前经济不够发达，日常生活没有保障的时候，大家会去祭拜土地神，祈求生活的顺利、家人的健康和粮食的丰收。现在，潘寨大部分民众祭拜土地庙的主要目的是寻求全家人的平安和健康。

除了以上两点，在潘寨祭拜土地庙求子的也很多。不止潘寨本地有许多人为了求子而去祭拜土地庙，甚至连外族的人也会为了求子来潘寨祭拜土地庙。那些家里面没有生儿子的人会带上祭品去祭拜土地庙。

潘寨土地庙另一个功能就是送财运。民众在祭拜土地庙时，送财运往往和保平安一起求。例如求土地神保佑在外地的家人平安、有财运。这项功能在经济不发达的时候并未如此重要，现在随着社会经济的发展，它逐渐变得重要，成为民众祭拜的主要目的之一。

当地人认为祭拜土地庙求子和求学的这两大功能不是潘寨所有土地庙都有的，主要是潘寨水口庵旁的大土地庙才有这两大功能。祭拜水口庵旁的土地庙求子，名声很大，当地人都认为它很灵验。有些人家为了生个男孩会去祭拜，在土地庙前杀鸡求子，在生了孩子之后还会还愿回拜。回拜之后还要办酒，邀请全寨子的人来家里一起吃饭。因此，一些外村的人也会慕名前来祭拜求子。第二个是求学业，有一些老人会去拜水口庵旁的大土地庙，比如在孙子高考之前，求土地神保佑孙子考一个好的大学。

由于土地庙的广泛存在，以及人们的信仰需求，土地神作为家神供奉在下坛中，人们主要是向土地神求财求平安。但是由于土地神管理一方土地，因此在当地，土地神也是作为万能神而存在。从国人对土地的崇拜可以看出，中国人具有深厚的土地情怀，《祭义》曰："右社稷，左宗庙。"[1]就说明了这一点，左宗庙祭祀的是我们的祖先，右社稷祭祀的是土地。社，土地之神也。在两千多年的封建社会中，以小农经济为主体的自然经济使土地成为人们赖以生存的生产资料，强化了其依赖性。

"忍辱如地"，这是人们赋予土地的内涵，人们在土地上进行生产开发，在享受着土地恩泽的过程中也破坏着土地，但是土地一直都是忍辱负重的，所以在日常行为规范方面要做到"忍辱如地"。土地是人们生存与发展的基础，历代改革中土地改革永远是最重要的内容。一方水土养一方人，中国人重视土地，对土地怀有感恩敬畏之情。中国人的土地情结还表现在对故乡的眷恋之情，正是因为人们对土地的眷恋，对土地神的崇拜才如此广泛地存在于民间。

（四）侗族"祭萨"

"萨岁"是侗族最敬仰的祖先（"萨岁"为侗语音译，意为至高无上的大祖母、始祖母）。祭祀萨岁的地方叫"萨坛"，侗语称为"然萨"（祖母神之屋）。

---

① 出自《祭义》。

建"萨"屋因地而异，有的建砖瓦房，有的建木屋，有的只建露天圆丘。不论哪种屋宇，均建成八方形外围，中间露天。露天处用鹅卵石砌成高约1米、直径约3米的圆形土台。圆丘内安放一口新大铁锅，锅内放置一把蒲扇、三双草鞋，还有碗、碟、杯、银首饰和纺织工具等物。放毕，再将一口比底锅稍大的新铁锅倒扣在上边，以泥土覆盖堆成圆丘，再在丘顶中央栽一棵黄杨并插上一把半开的纸伞。在"萨"的屋宇前建一座供祭祀用的广场。

高步村萨岁坛始建于清光绪七年（1881年），由萨坛、款场两部分组成：萨坛用青砖墙围合，内建有神龛，供奉有侗族始祖萨妈；款场均用规整的卵石铺垫成各种图案，占地面积30平方米（图4-7）。2010年由县人民政府公布为县级文物保护单位。保护范围：东自萨岁坛围墙起外延2米，南自萨岁坛围墙起外延2米，西自萨岁坛围墙起外延6米，北自萨岁坛围墙起外延3米。建设控制地带：保护范围四周各外延6米。

图4-7　高步村的萨坛

高步村的萨坛

祭萨分为春、秋二祭。春祭一般在农历正月上旬，意为请求"萨岁"保佑侗人在新的一年里人畜兴旺，五谷丰登；秋祭一般在新谷初黄时节，意为答谢"萨岁"的保佑，庆祝全寨人丁安泰。在侗乡一些村寨，每一个姓氏都有一个萨坛，年内农历每月初一和十五是法定(村规民约)的祭萨日，而每年的正月初八是祭萨和"赖难萨"(请始祖母赐肉)的日子。祭萨节规模有大有小，有的侗寨只供奉清茶，有的供祭酒肉，有的供祭后各自回家，有的供祭后仅寨老聚餐。有的侗寨则每户来一男一女，携带酒、肉、香、纸等祭品，集中在萨屋供祭；祭毕，即在广场上共进晚餐。首席上方留一空位，是给"萨岁"即祖母神就坐的象征性席位，由寨老和管理萨屋的人相陪，其余自由就坐。

祭萨当天，各家各户从家里拿一块猪肉或整只腊鱼到寨中鼓楼，放到一个大大的锅里，由寨上指定的几个老人将鱼、肉煮熟，然后"管萨"(师傅指定的每月初一和十五代全寨祭萨的人)将煮好的鱼、肉先拿去"祭萨"，唱祭萨词。最后就将这些鱼、肉切成片分给小孩吃，这就是"赖难萨"。侗族人将"萨岁"视为最高的女神，他们认为是"萨岁"赐福于侗乡侗寨，是"萨岁"保佑侗人平安，是"萨岁"让他们幸福安康，所以，小孩吃了"萨岁"赐的贡品，将聪明伶俐、身体健康。

祭萨节举行完祭拜仪式后，接着进行歌舞表演，节目有歌颂萨岁恩德、祈求她护佑赐福的耶歌，有缅怀祖先迁徙和创业的侗款，有咏叹妇女身世的琵琶歌，有婉转缠绵的情歌，有模拟十二道农活的春牛舞，有震天动地的芦笙舞……身着节日盛装的妇女是这天的主角。她们除了载歌载舞，尽兴表演，还代表各家各户从祭坛把火种取回家去，象征萨岁点燃的薪火永不熄灭，并当众比试纺纱、织布、染布手艺。祭萨节这天还举行隆重的百家宴。

祭萨不仅是一种祭祀活动，也是一种自娱自乐的活动。祭萨时，邻近各村寨的本族和兄弟民族男女青年邀约前来祝贺联欢。一时间宾主手牵手、肩并肩，在萨坛前"哆耶、对歌、吹芦笙"，热闹非凡。人们舞姿优美，歌声传颂"萨岁"的功德，祭奠"萨岁"的英灵，表达人们团结和睦、建设家园的美好愿望。

祭萨仪式本来是祈求村寨的平安、风调雨顺，由专业的祭祀师傅来主持。可是，今天这样严肃的祭祀活动加入游客参与其中的互动环节，活动之后会推销民族工艺物品等，村落里的老人认为祭萨活动变了味，没有了以前的那种神圣感，原来在这种活动中能真正找到快乐，可是现在这个活动带给他们的快乐在减少。当然他们也认为这个大型活动能给别人，也就是我们的观众、游客带来快乐，从这种意义上来说，他们也是快乐的，但是这种快乐和以前是不一样的。

（五）苗寨的焖

图 4-8　苗寨的"焖"

"焖"（jiǒng，音译）是苗语谐音，每个村都会有一个"焖"。目前正在形成祭焖节。"焖"集中分布在湘西腊尔山苗区（图4-8），有关"焖"的祭祀文化现象依然在苗族社会生活中广泛存在，其相关的仪式过程、组织体系、功能特征十分鲜明。作为苗族传统宗教信仰观念外化的实体承载形式，"焖"构筑了一个独特的神圣文化空间，是学者研究苗族传统宗教信仰及其变迁历史最直观的"物化"对象。

在山江镇一带，"焖"还有一个更常见的叫法——"觉凳焖"。按苗语（东部方言）的语义学理解，"觉"是一个数字符号，相当于汉语的"九"；"凳"是指"土地"或"地方"；"焖"是苗语血缘关系中的专用名词，有"树根树苑"或"草根草苑"的意思。苗族把舅辈称为"窝炯"，含有动植物"根根苑苑"之意。相当于汉语"宗支"的"宗"、"祖宗"的"宗"。把"觉凳炯"三个字的意思联系起来分析，就是"九地首领纪念地"或"九方始祖祭祀坛"。凤凰县落潮井乡高云洞村巴岱雄吴乔发则把"炯"读成"冢"，他说"冢"是古代苗语所指的"坟墓"。现代苗语东部方言还称"坟墓"为"冢"，是掩埋死者尸体、遗骨、骨灰和遗物的土堆。

在腊尔山苗区，几乎每一个村都有自己的"炯"。如山江镇古塘村 5 个自然寨就有 2 个"炯"，该镇黄茅坪村 4 个自然寨就有 3 个"炯"。再如千工坪乡通板村 8 个组有 4 个"炯"，桐木村 6 个组有 3 个"炯"，胜花村 7 个组有 3 个"炯"，报子洞村 6 个组有 2 个"炯"，牛岩村 10 个组有 3 个"炯"，亥冲村 9 个组有 6 个"炯"，岩板井村 7 个组有 3 个"炯"……据统计，千工坪乡 15 个行政村 81 个村民组共有 38 个"炯"，平均每个村 2.5 个"炯"。凤凰县两山地区（腊尔山和山江地区，从文化区域而言，统称八公山文化区）9 个乡镇，127 个行政村，共有 298 个"炯"，因为有些行政村包括多个自然寨，而每个大一点的自然寨都会有自己的"炯"，因此当地"炯"的数量众多。

从祭坛"炯"的空间分布情况看，一是数量多，空间分布密度大；二是"炯"的空间分布以村为单位遍及腊尔山苗区。"炯"位于村子附近的山坡上，而且往往位于山坡的最高处。用石头砌成，或利用天然的大石头，再人工垒上几块石头。人工砌成的"炯"，呈塔锥状，通常高 2~6 米，分三级，底座为方形，长约 2 米；第二级边长缩小，长约 1.5 米；第三级长 1 米左右，往上慢慢收缩，至塔尖。在第一级处设一个祭洞，能放一个香碗和祭品之类，还可以在这里烧香烛和纸钱。如凤凰县柳薄乡天若村公马山上的"小炯"，高 2.1 米，椭圆柱形，由数千块形状不一的石块砌成。禾库镇茶寨村的"炯"，位于该村附近的茶山上，第一层为自然石阶，两层砌石方垒成下圆柱上宝塔状，高 4.9 米，设有两个祭洞。雀儿村的"炯"，据说是腊尔山台地上最大的，高 5 米有余，第一层自然石阶长约 3 米，两层砌石往上成宝塔状。紧挨祭坛，往往有一棵枝叶茂密的大树，山坡周围也往往绿树成荫。

"炯"是外祭的，家里不会供奉"炯"，其主要的功能是维护一方平安，保护村寨之中没有瘟疫，每年五谷丰登。村寨中的村民逢年过节都要来这里祭拜，祭祖当中最高的场所建在哪个地方，由村里的巴岱雄来察看并做决定。

聚落有「神灵」

祭祀没有年龄限制，但只是限制女性参与祭祀活动。仪式规模不大，三四十个人左右。但如今举行该仪式时，会有很多外人过来观看。禾库镇有 32 个"炯"，都差不多大。三月举行仪式，具体哪一天，要由祭司决定。家里遇到大大小小的事情，基本上都要来祭拜"炯"。比如家里的小孩子满月，要来这里祭拜；如果搬出去的人家里的时运不好，或者是家里的六畜不旺，都是要回来祭拜的。

伍

聚落有古井

◇　荆坪古井

◇　阳烂侗寨的"嘉庆古井"

◇　天星苗寨的水井

◇　草标

中国古代先民推崇"仁者乐山，智者乐水"。水是生命之源，在传统社会中，对周围聚居地的发展起着至关重要的作用。而随着现代饮水工具和自来水的普及，古井逐渐转变为观赏景点，其实用价值渐渐消退。与此同时，对自来水水质的质疑使人们始终不曾忘却对古井的情怀。清代李渔说："才情者，人心之山水；山水者，天地之才情。"其实李渔讲的就是一个"风水"概念。乡间利用自然的江河湖泊，或在房前屋后造有人工鱼塘或半月形的水池或潺潺小溪构成中国园林式的山水美景，使人流连忘返。井的发展历程源远流长，自有文字记载开始，井就伴随着人类走过漫长的发展道路，见证了人类文明的兴衰历程。人类对井的崇拜由来已久，而关于井的奇特传说更是数不胜数，几乎每一口古井都有着独特的传说故事。

（一）荆坪古井

在中国古代的民间传说中，每一口井都通往龙宫，因此每口井的井神都是主水的龙王。在荆坪古村留存千年的古井（图5-1），相传就是一口龙眼井——在一世祖贞周公葬村鱼形图上，整个荆坪以靠近潕水河的七棵古树为首，以古驿道为主体，恰似一条跃入潕水河中的巨龙，而古井刚好在龙眼的位置。

图5-1　荆坪古井

最里面的一层，用石块砌成。石块砌成以后，再用三合土把它稳固。三合土厚度为五寸，之后用一层石块砌筑，石块砌成以后又加一层三合土，最外层又用石块砌筑。我们今天所看到的井的内壁全部由石块砌成，这个石块砌的层数可能上百，故而，这口千年古井也叫"千层砌"。其实可能没有千层，但是这里把它夸大成千层。堆砌的岩层井深有19.5米，开口呈圆形。

圆形里面有五个圈，里面三层用石块砌成，外面两层用三合土砌成。这样一来水井形成一个严密的包围圈，外面的水是无法渗透到井里去的。井口，也即水井的顶端，用青石板和花岗岩铺垫，用三合土砌合而成。这样，上面的表层水也不会渗到下面去。井口外面的花岗岩周边可看到密密麻麻的勒痕，这是多年来用井绳提水留下的痕迹。据当地老百姓说，这个井绳不是麻绳，是用棕树的棕叶纺成线，然后用几股线绞在一起，就成为棕绳。四股棕绳绞在一起，就变成井绳。人们在这个井里面提水的时候，就把水桶的梁用井绳打个结，把水桶沉到水里去，一甩一摇，就把水盛满，用力拉起来，就可以挑水回家了。

你到这水井边，会看到花岗岩的井口有很多裂痕。这些裂痕说来也巧——刚好是三十六道半，这就象征着千年古井一年三百六十五天。关于这口井的裂痕有一个有趣的小故事。明朝有一个李姓考生进京赶考路过这里，感到口渴走到这口井旁边，向正在古井打水的人讨一口水喝。打水人就说："你这后生家，如果你能够数清这个井口有多少勒痕，那考试必中。"这个李姓后生就认认真真看着井口的绳痕，他数出了 37 道。打水的人就恭喜他必定高中："你高中以后回来再喝这个水，保证你仕途顺利，衣锦还乡。"这个李姓后生也不负打水人的厚望，进京赶考获得了进士，取得功名。回来以后路过此处，特地在千年古井这个地方鸣炮以示谢意。

荆坪本来有两口古井，一口现在还在，另外一口已经不见了。据说聚落里已经消失的那口井叫龙眼井，是清乾隆时期潘士权组织修建的。潘士权在京时为钦天监博士，掌管宫廷风水，在易学卦爻、堪舆地理方面都有很深的造诣。潘士权找到龙眼的风水宝地后，将井建在八卦古巷的巷口，从而打通了荆坪的风水龙脉。但好景不长，不久就被废弃了。这里有一个故事。不知道是哪一年，一个天黑的夜晚，一位眼睛不好的老人从古驿道进入该聚落去乞讨。由于天黑，老人视力又不好，他没有注意到这口龙眼井，也许是路滑，一跟头就栽进了井里面，淹死在这口龙眼井里。第二天早晨，有人去打水，发现这井里浮着一个东西，大家也不知道是什么。有人下去看，这一看就吓了一跳，这浮着的东西是一具尸体，后来人们就将这老人的尸体给打捞上来。但由于有人死在这井里面，当地人认为这口井已经不吉利了，水也不能喝了，就商量着把这口龙眼井给填了，因此荆坪古村的龙眼井就只有一口了。

聚落有古井

（二）阳烂侗寨的"嘉庆古井"

在侗族人的观念中，井是龙住的地方。侗族人将这种自然山脉的气势和走向称之为"龙"，将自然的河流和地下泉水的流向或者顺山脉的流向称为"脉"。他们认为将这种山脉走势与修建的鼓楼和福桥连成一个完美的整体，其目的就是为了补龙脉和续龙脉。从某种意义上来讲，就是补其生命、生存的缺陷，续其子孙后代血脉。侗族村民选择寨址、选择民居地址必须与自然山水和谐统一，也就是说要与龙脉相通，建在一个合适的地理位置上，其目的主要是为了与龙脉贯通而获得自然生态环境的庇护。至于修桥立碑，当地人认为更是为了"接通龙脉"。总之一句话，侗族人的建筑实践活动就是将人类社会活动与宇宙自然环境融为一体，它既不凌驾于自然生态环境之上，也不屈从于自然生态环境的摆布。

水是生命的源泉，是人类赖以生存的基本要素。如果宅地无水，众所周知，这地方是不能住人的，或者说水质不好，也是不宜住人的。对于宅地来说，水是如此重要，那么如何观水，水来之势和水去之势对宅地到底有什么影响，这是风水家观水的关键。民居建筑宅基地的选择不仅要观水的形，还要品尝水质。风水师认为，选择宅基地强调观水要观其水形：潮水汪汪，水格之富；弯环曲折，水格之贵；而直流直去，下贱无比，这种水形直冲家门是不吉利的，必然会破财犯煞，家业衰败。凡观水形者先看水口。所谓水口，就是指水流的入口处和水流的出口处。《入山眼图说》记载："凡水来处谓之天门，若来不见源流谓之天门开。水去处谓之地户，不见水去谓之地户闭。夫水本主财，门开则财来，户闭则用之不竭。"阳烂村河边的鼓楼就是坐南朝北向，水口的水流是从西北方向流进来，水来处蜿蜒曲折，而且水来处开敞，水朝东南方向滚滚而去，而且流去的水呈封闭状态，以此象征留住了财源。

水质与人类生存状况与生命健康直接有关。水既是人类生命之源，又是宅基地聚生气的生命体现。俗话说"山管人丁水管财"。在侗族人看来，有山，人丁就会兴旺；有水，生命就可以得到延续。有水，就可以聚集宝贵的社会财富，这话无论是从人类生态学，还是从生态建筑学的角度来分析，都有其合理性。众所周知，山是人类赖以生存的土地，水则不仅是生命之源，而且还是人类宝贵的社会财富。

在阳烂村中心鼓楼与戏台隔壁的东南方向十多米远的地方，更确切地说就是在龙碧飞老屋下面的一口古井，村民们称之为"嘉庆古井"。据老辈人说，这口水井始建于清嘉庆十七年（1812年），水井正面还立有一块石碑。由于年久月深，石碑上的文字变得模糊不清，已经难以辨认了。大概是前几年，村民们又在嘉庆水井上面建了一座凉亭（图5-2），凉亭高2.8米，宽2.0米，长有3.88米，由四根立柱构成干栏框架式凉亭建筑，屋顶呈歇山式。在凉亭的主栋梁两边有"风调雨顺，国泰民安"的题词。在栋梁的中间挂着一块大红布，上面写着"紫微高照"。在"紫微高照"红布的两边挂着一大把由乡民们用红白两色鸡毛精工编织而成的吉祥花苞。靠近井的鱼塘边设有一排凳子供人喝水歇息。在进阳烂村村头公路边有一口类似的水井，同样是在凉亭的主梁两边写着"风调雨顺，国泰民安"的字样，同样挂了一块大红布，红布上写着"吉祥高照"，在"吉祥高照"红布两边挂了一大把吉祥花苞（图5-3~图5-5）。笔者问村民们为什么要在凉亭的主梁上挂着"紫微高照"和"吉祥高照"的大红布，村民们说是通过择日定时来修建凉亭的，这样避免在修建时"惊动井水的龙脉和地气"，以保村寨平安吉祥。

图5-2　阳烂村井亭

图 5-3　阳烂村水井

图 5-4　阳烂村水井碑文

图 5-5　阳烂村村口水井

　　风水学认为建筑住宅对龙、砂、穴、水的选择必须综合权衡，方可达到至善、至美的圣境。寻龙点穴，选择适合人类生活的居住环境对人的影响最大，居住环境对人的体质和智力发展都有很大影响。其实，风水学所指"风水"，就是与环境和谐共生，尊重自然，这是风水学的高明之处，值得提倡。

　　作为宅基地，山不能无水，无水则气散，无水地不养万物。水是地之血脉，穴之外气，这就是说寻龙点穴，全赖于水源。古人认为"龙非水送，无以明其来；穴非水界，无以观其止"。据侗族风水先生观点，有水才有龙，所谓

"来龙去脉"，就是通过水流方向来判断龙脉的气势和走向。侗族人得风水之法，是以得水为上。风水理论认为，"未看山时先看水，有山无水休寻地"。因为水是山之血脉，无水之山那就是一座死山，即吉地不可无水。有水的地方才会有生气，万物繁殖才会旺盛。我们不但要认识水形和水势，而且还要认识水的质量。所谓水法，是指论证水的质量、水的功用、水的走势决定山脉的走势；同时理清水与生态环境之间的关系，这就是人类居住所需要的，也是最重要的"地气"和"生气"，"地气"和"生气"，就包含了侗族的水井观。

侗族风水先生指出，水以清明、味甘甜清爽为吉；若水质混浊，味苦涩，则为凶。观水不仅仅要重视观测地上的水，而且还要重视观测地下的水，在这方面侗族居民积累了比较丰富的生产生活经验。侗族村民根据水流形态将水归纳为以下四种情况：①随龙，是指水流随山势奔流而去，不破山脉也不被山脉所伤，故随龙之水贵有分支；②拱揖，即指水流从左右而至，没有喧宾夺主之嫌，拱揖之水贵在前面；③绕城，即指水流前后合抱，环绕而过，故绕城之水贵有情；④腰带，是指水流如一轮弯月从左右两边流过，腰带之水贵在环绕。

阳烂村的龙氏祖先在择地营宅过程中，还有一个考察风水宝地的秘诀，就是通对观察动物栖息地来判定。一般来说，动物依恋的地方肯定是好地方，龙氏祖先就是根据两只白鹅依恋此地，并在此地繁衍生殖，而断定这里肯定是一块风水宝地。中国风水理论通过长期实践得出以下结论："山环水抱是最好的民居选址。"侗族村民在长期选址积累经验的过程中，得出了与汉族人相类似的风水理论，即"山管人丁水管财"。在侗族人看来，"水深处民多富，水浅处民多贫，聚处民多稠，散处民多离"。

首先，水的聚气性作用。侗族村民说"水飞走则生气散，水融注则内气聚"。最典型、最好的民居选址莫过于山环水抱的地基。如大江大河一二十里奔来不见回环，中间虽有曲折，但是没有结穴，直到回环之处，才是龙脉汇聚之处。如果选址在河流弯曲之处，则以水流三面环绕为吉地，这就是所谓的"金城环抱"，也就是人们常说的吉地、福地和贵地。

其次，水的避险与交通作用。水既有交通载体的方便，又有避险的重要功能。侗族民居"依山者甚多，亦须水可通舟船，而后可以建住宅，不然只是保塞之处"，由此可见水对民居的重要性。

聚落有古井

（三）天星苗寨的水井

但凡有人住的地方必然有水井，水是生命之源，也是聚落之根。村寨的大小与水井的流量的大小相匹配，或者与水井的多少相匹配。有的村落不止一口水井，每口水井可以供应数十上百人的用水。凤凰县的天星村每个自然寨至少有一口水井，几乎不断流，寨子围绕水井而建。水井大多在小溪边，也有在村中低洼处的（图5-6、图5-7）。乡村建设水井改造后，有些水井由原来的石板砌成了水泥面，有些加了顶棚，有些对形状进行了更改。石板砌的水井，石缝中经常藏着螃蟹，夏季洗衣洗菜时，螃蟹会爬上来夹衣服和菜。

图5-6　天星村三组水井现貌

图5-7　天星村五组水井现貌

天星村中的水井一般分为四类。第一类是饮水井，为水井的水源所在地，水质最干净，水可以直接饮用；第二类是洗菜井，专门用于洗菜，是水源流向的第二口井，水质较干净，水不能饮用；第三类是洗衣井，专门用于洗衣，是水源流向的第三口井，水质有些混浊，水不可饮用；第四类也是洗衣井，专门用于洗比较脏的衣物，如果要洗一些脏污非常多，或者小孩子的尿布等比较脏的物品，必须先到第四口水井的下水口把脏物洗掉后，才能回到洗衣井洗。

以前，水井是村民每天必去之地，挑水、洗衣、洗菜都离不开水井，水井周围是村中妇女和孩子集中的地方之一。特别是夏季，水井旁是最受欢迎和最热闹的地方，凉爽且时刻充满欢声笑语，遇到再郁闷的事，到水井旁走一趟，心情就会好转。现在自来水到户，村民去水井处的次数少了。有了冰箱，大热天不用到水井中提凉水了；有了洗衣机，不必每件衣服都拿到水井中洗了；有了自来水，不需要用井水洗菜了……每天去水井处的人寥寥无几，水井周围不再像从前那般热闹，充满欢笑了。与以前相比，水井少了几分灵气。

尽管大家去水井处的次数少了，一年一度的水井大扫除制度却没有变。大年三十的上午或者年夜饭后，组长会在村中沿路喊"淘井水啰！淘井水啰"，听到喊声后，各家各户自觉出一到两个劳动力，拿扫把、铲子、水泵等来到井边打扫。淘井水时分工有序，男的负责清理水井中的水，铲出淤泥，并把淤泥挑走；女的负责打扫水井旁的枯枝败叶和清扫路面；小孩子在旁边喊加油鼓劲。

当地人笃信，水井有井水公公，保佑全村人用水，因此使用井水的村民过年都要到水井边烧纸钱祭拜。到陌生的水井中取水，须先到水井边扯一把新鲜的草，打成结丢到水面上，向井水公公请示，之后才能取用。

天星村村民过年吃年夜饭前都要先烧纸钱，顺序依次为：堂屋—土地—水井—寺庙。村民付某说："祖先在堂屋，要最先通知家中老人，好让祖先清理家中大大小小的事物；然后给土地烧纸钱，土地神保佑整个村寨及过路客人；再后面就到水井烧纸钱，前人修井，后人吃水，乡村离不开的柴米油盐都要水，有水才有吃的，吃了才健康……"

当地村民认为不能伤害水井中及其附近的任何生物，水井中有井水神，周边的一切生物都可能是它的化物。例如水井旁的鱼虾、螃蟹、蛇、鸟、树、蚯蚓等均受到村民保护，甚至最不能容忍的毒蛇，一旦在水井旁出现，也将得到保护。村民田某说："怀疑它们是井水公公啦，井水就有井水公公嘛，在水井边有可能是井水公公的化身。"如果在水井周围遇到蛇，村中流行一句俗语，只要对着它说"是蛇就归山，是龙就归海"，它就会自己走开，不会伤害到人。

井边的大树有神性，是不能随意砍伐的。天星村一组的弯里井被树木包围，夏天很凉快。每到夏季，水井旁就成了妇女的聚集地及孩子们的乐园。三四十年前弯里井只供一组村民饮用水，八十多岁的杨某说："以前没有自来水，都是到那里挑水喝的。"六十多岁的陈某说："那个时候，水很凉，都可以用那里的水做凉粉。"后来水质被破坏，仅用于洗菜洗衣用（图5-8、图5-9）。

弯里井的第一口井呈拱门，最深处约3米，拱井长2~3米，拱井旁一棵槐树斜长，一直延伸到对面。因其被树掩盖，所以若不是听到里面的欢笑声，以及靠近后袭来的阵阵凉意，外人根本不知道里面有这么一口古井。也因其形状独特及周围树木较多，整个水井显得有些阴森，陌生人一般不敢靠近。即使是树的主人，也不敢随意砍周围的树木。

以下几则传说虽说都有封建迷信的成分，但都表达了一个主题思想，即保护水井，是每个村民应尽的职责，爱护周围环境，才能与大自然和谐相处。

水井里的动物也有神性，不能去捉弄，否则会带来灾难。当地流传村民杨某的孩子少时不懂事，跑到水井捉蛤蟆玩，不小心把蛤蟆的腿扯断了。该小孩的嘴当即歪到耳朵根了，话也不能说。四处求医不见好转。后来大人听说小孩是到弯里井捉了蛤蟆，于是到井边烧纸钱悔罪，小孩才好起来。

图5-8 天星村一组弯里井现貌

木里塘村村民付某一个表叔的儿子到水井捉了只螃蟹回来，小孩子不懂事，用锤子把螃蟹的腿锤烂了。后来他就无缘无故生病了，慢慢地不会走路，也不会说话了，最后医治无效早夭。大家都说他捉的那只螃蟹是井水公公，他把螃蟹的腿都锤烂了，相当于把井水公公的手和脚都破坏了，井水公公就要惩罚他。

图5-9 天星村一组弯里井井水

村民冶某说："上了年纪的人都会告诉年轻人别在水井中洗脏东西。我以前不懂，有一次也把尿片拿到水井中去洗。后来经过老一辈的多次劝说，我就到楠木树下的水沟洗。""老一辈说洗脏东西会破坏井水。其实我嫁来的时候弯里井的水很好。"

位于早齐村五组山背山腰处的水井，从寨子往下走大约50米处的悬崖之上，陡峭的石板台阶呈大约50度连接着水井与村寨。关于这口水井有很多美妙的故事。由于这里地处高山，四面悬崖，所以水资源是一个大问题。乾嘉苗民起义的领袖吴八月当时在这里屯兵，后来无意中发现这里有一条小水流，就组织士兵们从寨子里修了一条路，然后在某个水源处修了一口水井，以便大家日常用水。由于它的地理位置

图5-10 早齐村五组的"空中水井"

特殊（位于悬崖之中——悬崖总长300多米，水井位于206米的地方），所以当地人叫它"空中水井"（图5-10）。当时这里供应一千多人喝水，除了官兵们使用，村寨里的村民同样依靠这口井生活，所以这口井，也方便了当地居民——不然居民要到谷底或另一处较远的悬崖处取水。

以前没有这口井的时候，由于路途远，村里的男子一天只能挑一次水，

一次两桶水。这口水井现在一直有人用。村里面要举行一些仪式，就会来这里取水。比如老人过世净身，婚丧嫁娶，修好新房后，都会用这口井里的水；出生小孩第一次洗澡也要用这个水，意味着洗掉霉运等。关于这口水井并没有多少禁忌，就是不能在水井边洗澡、洗衣服，如果要洗衣服、洗澡，就要提水到远处洗，水井从下到上的用途依次是可以用来洗澡、洗菜、饮用。这里每天早上第一桶水必须是男的来提水或者取水，然后才能是女的来用水，男的先来用水以突出男性的身强体壮。现在的村民们外出打工，回到家来的第一件事就是要到这里来喝一口水，具体是什么原因，他们也说不上来，也不太明白，反正就是一直这样做。这或许就是人们内心的一种精神寄托。农历二至五月雨水季，干旱看年辰，一般农历九月以后开始干旱，大多水井都干了，水源保障不足；但空中水井从来不干。

（四）草标

图 5-11　草标的制作

由于水井在乡村社会中具有神圣的地位，因而有关水井的禁忌由此产生。在很多乡村流传着这样的说法：在外地不能随便喝水，否则会生病；但在喝水之前，制作草标敬神（图 5-11），以表示对神的尊重，然后喝三口水，就可以避免不好的事情发生。如果是本地人，则不需要这样做。

天星苗寨这个地方的人听到古井边有鸣炮声，一般只有两种可能。一种是哪家的小孩命里犯了"掉井关"，就必须到井口去祭井神，才能够消除"掉井关"，长命百岁。另一种可能是少年长成青壮年时，以井水沐浴，由老人从井里打水，把水从头到脚淋下，表示他已经进入青壮年，已经可以独当一面，成为男人，顶天立地。

聚落有池塘

孔子曰："智者乐水。""智者"的智慧当如水之灵活，若藏于地下，则含而不露；若喷涌而出，则清而为泉，少则叮咚作乐，多则奔腾豪壮。水处天地之间，或动或静，动则为涧、为溪、为江河，静则为池、为潭、为湖海。水遇不同境地显各异风采：经沙土则渗流，碰岩石则溅花，遭断崖则下垂为瀑，遇高山则绕道而行。水，可由滴滴雨水、雪水而成涓涓细流，汇成滔滔江河，聚入茫茫海洋。"智者"的智慧当如"乐水"之灵感，故而人们在营造聚落时，对"水"的营造是必不可少的环节。

（一）聚落池塘的形态与方位

传统住宅庭院的池塘形状，常见的有圆形、半圆形、弯月形等。古人认为，住宅前有半圆形池塘，圆弧朝前，可以带动财富效应，形成"大吉"格局。而弯月形池塘不仅有"藏风聚气，聚气纳财"之寓意，而且还具有视觉上的美感。不过需要注意的是，庭院池塘不宜设计成葫芦形，也不宜设计呈上弦月形，更不宜设计成出现尖角的多边形。池塘的水体是自然而亲切的，对家居的宅运有裨益。池塘的形状多数是圆形或不规则形状，但从风水意义上说，池塘的形状最好为半圆形，形如明月半满，例如传统客家的围屋前塘均为半圆形，取其"月盈则亏"之意，期待着不断进取。

将庭院的池塘设计成深可见底，池心微微突起，风水学认为这样可以增强居住者的财运。如果池塘深不见底，不仅威胁儿童的安全，而且不易清洁，容易藏污纳垢积聚秽气，不利居住者的健康。虽然要求池塘宜浅不宜深，但庭院中的池塘不宜干枯，池中水平时至少要保持八分满。

在池塘的数量方面，如果庭院不是特别大，有一个池塘已足够。如庭院中有两个池塘并排，古人认为形如"哭"字，会招惹灾殃。同时还要注意池塘与住宅的距离——池塘不要太接近住宅，否则，阳光容易折射反照入屋内，令人觉得头晕目眩。

喷水池要设计成圆形，圆心微微突起，这样能增加居住人的财运；设计时应考虑四方水浅，并要向住宅建筑物微微倾斜内抱，如此设计便能藏风聚气，增加居住者的好运气。外形不能设计成一条手臂抱住一个水盆形状，这种设计在环境学上为不吉。不能设计成水深污沟形的，这种格局在设计上称之为"汤胸孤曜形"，这种池塘的设计水深不见底，容易使小孩子落水而亡，而且池水不易清洁，容易积聚秽气，使人易患肺部疾病。

池塘方位布局也很重要。西北方位为吉位，不过池塘要经常保养，池塘围边的石头布置也要摆设美观，才能使人产生稳定的情绪和活力。如在西方位设置池塘时，无阳光反射就是吉位。南方位的池塘要设在阳光不会反射的位置，大约距离房子5米的地方就可以了。东方或东南方位的池塘配上溪流、小河更佳。

（二）荆坪三叠月塘

荆坪潘家大院中有一处水塘，水塘的面积约有5亩（1亩≈667平方米，后同），呈月牙形，且形成三级落差，故人称"三叠月塘"。清代潘氏族谱的地图中就划出了三叠月塘的形状，弯弯如一轮新月。

三叠月塘原貌应该是三级落差明显分布，月牙形状一眼便可认出，其次在第一阶和第二阶、第二阶和第三阶中的连接处各有一座用石板搭建的拱形小桥可以通过，景观十分优美。池塘内流水干净清澈，从第三阶远远望去如同上升的梯田，村内的生活污水井然有序地排向第一阶，然后经过第二阶、第三阶的过滤以及充分利用莲藕能吸收水中的氮、磷等物质，白天进行光合作用，增加水中的溶解氧，为微生物的生长提供必要的条件，通过以上作用，污水得到净化，最终排向潕水河，形成良好的生态循环系统。

据说三叠月塘始凿于明代，和荆坪聚落所建时间大体一致。它临千年古驿道而建，三面均为民居，周边民居高墙翘角，鳞次栉比，夏天满塘荷花交相辉映，冬天则以水为镜，残荷与民居倒映成趣，极富诗情画意。

荆坪三叠月塘的开凿有风水一说。这里的风水是指"风聚之而不散者，欲行之遇水而止者为风水"。风水之法，得水为上风水，得风为下风水。正如炎热的天气得风感觉到的凉快是短暂的，而下雨过后再热的天气也会变得凉快，所以就有"得水为上，得风为下"一说。

人们都希望能够聚气纳气，能够藏风，能够聚财，风水学认为山是管人丁的，水是聚财的。所以有气则有生命，有了生命就有了人，有了人就有了万物。这便形成了天地人三合。所以三叠月塘的功能就在于藏风藏水，谓之

聚落有池塘

风水而得生命而得财而得人，这便是修建三叠月塘的真正功效和含义所在。而反观现在的三叠月塘，早已无昔日的光彩，曾经的功能也在一点点消亡，池塘的水越来越少。这是为什么呢？这是因为"文化大革命"时期三叠月塘被红卫兵当成"四旧"而被严重破坏，最后便成了良田，当地村民开始种植水稻。再到1981年分田到户以后，有的人勤劳，依旧种植了莲藕；有的人懒惰，它就荒废了，所以今天看到节孝坊前的荒芜与后面郁郁葱葱的莲藕形成鲜明的对比。三叠月塘如果恢复其昔日的面貌，将会有不一样的景象。三叠月塘中的水位也是有讲究的，不能超过水塘深度的70%～80%，这个阶段的水位为"盈"水位，超过之后变成了"满"水位。正如古语云："水满则溢（损），月满则亏。"

在三叠月塘旁所有民居的大门都修成"八字门"的样式，呈现出对外张开之势，风水学认为，这种门能"广纳天下财气"，正如对联所写："门迎春夏秋冬福，户纳东西南北财。"大门也都对着月塘，其中包括古时的节孝坊、窨子屋等。这是因为古人认为水是聚财的，大家都想分三叠月塘的财气，收纳池塘里面的气和财。因为风遇水而止，而三叠月塘里面既有水气又有财气，所以相信风水学的都选择修建这样的房屋大门，就是借助池塘的这个风水功能聚财纳气。

风水学中讲究"藏风聚气"。古人云："气乘风则散，界水则止。古人聚之使不散，形之使有止，故谓之风水。"又说："风水之法，得水为上，藏风次之。"作为调节风水的荆坪三叠月塘，就是在这一风水理念的指导下修建的。而风水学中又有"水满则溢，月满则亏"一说，故宅前只可开半月塘，不可圆满，认为圆满则是血盆照镜。故当年先人只开半月塘，后人则简称为月塘。那为什么要分成三块不同落差的水塘呢？《道德经》之四十二章说："道生一，一生二，二生三，三生万物。"先民将荆坪月塘分为三级，分别代表天、地、水，其实也属于天地崇拜，体现"天人合一，道法自然"的中国古代哲学思想。同时"三生万物"，万物则生生不息，从而寓示荆坪潘氏子孙生生不息，丰衣足食。

当时居住在月塘边上的潘家人口曾一度为千户，现如今也有上百户居民，这么多人居住在一起，消防也是关键，所以三叠月塘所存水量完全可以作为消防应急水源。再者，周边居民的生活排水也可以集中排到塘内，不容易引起内涝。所以现在即使是大雨天，荆坪潘家大院的巷弄里也都是干干净净，清清爽爽，而不会积水。此外三级落差的设计也更利于排水，以及生活污水的沉淀自净，可见风水学中也充分体现了科学设计的理念。

三叠月塘可以算得上是古代风水学和古代建筑科学的完美结合。

（三）天星苗寨的水塘

天星村的水塘不多，比较大的有农场塘、大塘和小塘。农场塘的水域面积最大，大塘次之，小塘最小。农场塘的来历与天星村农场有关。农场塘属于天星村农场集体所有，因此得名。在天星村，农场塘的水域面积最大，却是建塘最晚的一口水塘。在"破四旧"之前，农场塘所在地是天星村的庵堂。"破四旧"时期庵堂被毁，后面也没再重建，凤凰县在天星村设置农场后，因考虑到用水困难，把庵堂遗址改造成水塘，由天星村农场管理。

大塘的面积不大，它是相对于天星村一组另一口水塘——小塘的水域面积大而得名（图 6-1）。以前大塘的水很清，塘边长有一棵古树和一棵杨柳树。塘边的树长势较慢，虽然很多年了，但仍然不高大。大塘是个神秘的地方，塘中的水绿茵茵的，村民口中的大塘是很危险的。以前，傍晚时分大人不允许小孩子到大塘边上玩耍。

图 6-1 天星村大塘远景

大塘由天星村一组山峒上的那部分村民集体所有。现在大塘里由村民种满了荷花，养了鱼。夏天被荷花覆盖，已没了以前的险容。

几百年来，老一辈人传下来这样一个有关大塘的故事。传说大塘里有一条很大的鱼，像一副棺材浮在水面上，让人看见就害怕。村里人把这条鱼当成是水塘的守护神，从而对大塘有敬畏之心。

小塘由天星村一组弯里的十余户村民集体所有。其水域面积是天星村三口水塘中最小的，但却同样充满传奇色彩。现在也有村民种上荷花，夏季满塘荷色，减少了小塘的凶险，增添了小塘的美（图6-2）。

图6-2　天星村一组小塘一角（现貌）

小塘与聚落水井息息相关，严禁破坏。小塘下面是弯里井，村民发现弯里井的水受小塘的影响极大。小塘涨水了，弯里井的水势就大，水也比较混浊；小塘的水快干了，弯里井的水也几乎断流。以前小塘水禁止放干，也禁止破坏。八十多岁的村民杨某说："以前弯里井上面的小塘从来没放干过，水很好，下面的井水也很好。以前不准把小塘水放干，也不准放药到里面，不准牛下去洗澡。以前有好多要求，不准破坏水。塘里的水也是放不干的，以前没有抽水机，要几十个人同时车水才能干。"

村民冶某一家的回忆使小塘充满了传奇色彩。冶某（约七十岁）回忆说："现在小塘的水都被大家破坏了，我们结婚时水还特别的好。"他还补充道：

"听老辈人说，天再干，那时塘都很少干。即使塘干了，下雨有水后又有巴掌大的鱼出来。冒山鱼的洞口就是秀文家下面的石头那里。可惜现在整修塘时用水泥那把个洞封起来了。"她爱人杨某接着说："老辈人说那个口子至少有碗口大，好多鱼从里面冒出来。天干了没有鱼，涨水时还是会有大鱼出来。塘里好多鱼，随便一捞，有十多只麻秆子（生活在山区小溪里的一种鱼）。"其女说："我都看到小塘水很清的时候，塘里好多鱼和田螺。"接近七旬的邻居陈某说："以前水好深好绿，打辣子秧时，还到塘里扯水草盖。"

小塘必须长年有水，后来村民老亮要求承包小塘用来养鱼，这也是小塘第一次被人为掏沟彻底放干。之后，小塘的水质开始慢慢变差。老亮承包到期后，年轻的村民杨某承包了小塘，但因为各种原因，杨某并未赚到钱，小塘的水质却越来越差。

此后不断有村民想承包小塘养鱼，以挣钱养家糊口。村民杨某年纪较长，除了种田，急需再找其他途径挣钱供孩子学费。于是他与另一村民商量——那家也是每到开学就急需要钱交学费的，于是两家一起承包小塘养鱼。小塘承包下来立即放养了鱼苗，塘里水质好，微生物多，鱼长得很快。

天星村水塘治理已有几年时间，但因为自然环境遭到破坏，且年代久远，还是会漏水，至今还没有完全弄好。

（四）侗族聚落的鱼塘

在侗族传统村寨的整个结构当中，鱼塘扮演着极为关键的角色。人为建构起来的鱼塘次生生态系统之所以能够获得侗族乡民的喜爱，原因是多方面的。一方面，鱼塘自身存在着诸多的生态调节功能，能够为侗族社区的正常运转提供力所能及的物资、能量和信息。另一方面，在侗族传统社会的建构过程当中，以及侗族传统文化与当地自然生态环境相互磨合的过程中，人工建构起来的鱼塘生态系统获得侗族传统文化的某些属性，成为侗族传统文化生态的有机构成部分。笔者通过田野调查发现，目前黄岗的鱼塘总面积占整个村寨聚落总面积的 30% 以上。笔者再将当地乡民的回忆和相关的历史文献结合后分析发现，在早期村寨建构时，这里的水域面积占到了村寨聚落面积的 85% 以上。在考虑到当地自然地理环境的特殊性，特别是地表崎岖不平这种特定的地貌背景之后，笔者断定很难形成这样大比例的固定水域，显然是出自人工的有意配置，而不是纯自然运行的产物。这样的人工配置目标则是要让鱼塘为村寨的整体建构发挥三大功能：一是对区域水循环的调控功能，二是作为"防火带"执行安全护卫功能，三是带来丰厚的综合产出效益。

笔者查看 20 世纪 50 年代中国人民解放军原总后勤部测绘的《黄岗地区军用地图》发现，在今黄岗村范围内，好几条清晰可见的河流在图中都没有标注出来，而这几条小河在近年来出版的普通地图中却有了明确的标注。这绝不是当年测绘工作人员的疏漏，而是因为当年的河流全部从鱼塘穿过，还没有形成稳定的河床。地图测绘上的这一强烈反差，恰好可以从一个侧面证明，在 20 世纪中期，黄岗村就像有名的"威尼斯"那样，是建立在鱼塘之上的。即使到了今天，在黄岗，几乎每家每户也都至少有一口鱼塘，多的则有三口。在寨子较高的地方，如果不适合进行人工鱼塘建构的，也都还要人工建构一些水池充当鱼塘使用。全村以鱼塘为主而网络起来的固定水域面积占到了整个村寨聚落总面积的 30% 之多。据当地寨老吴国政说，在 1993 年以前，由于住户都是固定在 150 户，也就是当地人所称的"百五黄岗"，因而人口与资源之间始终保持在一个稳定水平，而不会出现人口与资源相互矛盾的局面。换言之，新住户的诞生是很有限的，新的房屋建构不会很多，因而不会将大面积的鱼塘进行填充而成为房屋地基。他说："以我家居住的'班井片区'为例，在这片长约 100 米，宽约 50 米的坝子上，1949 年前均属富农吴老良的。土改运动后，政府将它没收并分给了村民。以溪为界，上方依旧为鱼塘，现在分属于 19 户村民。每一口鱼塘均用木板与田土隔开，在十九口鱼塘中只有两口鱼塘仍保留有带'生态厕所'的住房。现在不一样了，溪下游基本上被填平了，做房屋的地基使用。"以吴国政家的房子为例，其地名仍然叫"吴老良鱼塘"，原因是这口鱼塘占地是坝子内所有鱼塘中最大的一块，长约14.7 米，宽约 10.3 米，就以"吴老良"命名。现在该鱼塘的 60% 多被填平，吴国政用于建构新屋，剩余的 30% 多依旧留作鱼塘，供放养母鱼用。再如，吴老党家为了建房，用山上的 2 分（1 分≈66.7 平方米）田换了邻居吴和光的鱼塘和地基。这样的情况比较普遍，只要双方愿意，可用田交换鱼塘，然后将鱼塘填平建构住宅。与此前情形不一样的是，现在有一部分侗族乡民在修建新房子的时候，更愿意选择陆地式建筑，而不再直接将新房子架在鱼塘上方了。在整个黄岗侗族村寨的生活空间内，鱼塘不仅仅是人们饲养母鱼、鱼苗的重要场所，而且还是"生态厕所"的建构场所，也是水浮莲、浮萍、菱角等猪饲料种植基地。同时，也还是他们建构水上干栏式住房的地基。据乡民们回忆，在1983年修建村寨主干道前，村寨到处是鱼塘，房屋几乎全部是架在鱼塘上。然而，随着主干道的修建落成，村落人口的增加，随即建起了很多新房子，鱼塘面积逐渐呈萎缩之势。不过，整个村落布局中，鱼塘仍然占有很大比重。它们在侗族乡民的呵护下，为这里侗族的繁衍生息发挥着不可替代的作用。

水乃生命之源，离开了水，任何生命的存在都无从谈起。因此，水一直是人们获取本民族生存、延续和发展的物质和能量，也是本民族文化建构过程中重中之重的环境因素。也正因为如此，水不再是游离于民族之外，作为纯粹的自然存在，而是深深地打上了民族文化的烙印。黄岗这个侗族村寨几乎是以水为中心而建构起来的。我国其他很多地区都面临着水资源匮乏的现实，这里的水环境仍然能够按照原有的运行规律正常运转，应当有人工建构起来的鱼塘的一份功劳，人工建构起来的鱼塘完善了该侗族村寨的水循环，对这里的水资源进行了再配置，达到了对水资源的高效利用与维护生态环境相兼容的目的。

由于鱼塘是黄岗侗族乡民在建构村寨布局时一并修建起来的，从另外一个侧面来说，这些鱼塘的存在亦见证了整个黄岗侗族村寨的发展历程。黄岗侗族乡民把整个村寨以鱼塘串联起来，能够有效地将本来不利于水资源储养、再生和利用的侗族社区变成了真正意义上的"水乡泽国"，将水资源的功能发挥到了极致。如下几个方面可以很好地揭示这一事实。一是不管是在寨子的最高端，还是寨子的最低处，随处可见的鱼塘将整个社区的水资源连接成一张"网络"，通过这一"网络"的建构，地表水资源的循环、储备和再生就变得十分自然。也就是很好地将水资源的自然存在和运行纳入了人工鱼塘建构规范中，让水资源在人类的干预下，更加趋于优化。二是鱼塘建构在完善社区水循环的同时，还不断提供水资源的多种利用方式，拓展水资源在社区内部的分布空间和拉长它在村寨内部的滞留时间，以便更高效地提升水资源的附加利用价值。三是通过不同区位鱼塘的配置，还能够逐层对水体进行净化处理。通过这种多层次、复合利用，最后排入江河下游的鱼塘水或者是生

聚落有池塘

活用水，已经脱污得差不多了，因而不会给江河下游带来水质方面的污染。

这些鱼塘往往与聚落的水井相连，可以通过井水给鱼塘补给水资源，这更扩大了当地的水资源规模，提高了其循环效益。当然，这一水资源循环形式是在地下通过相互渗透等方式完成的，有别于通过地表沟、渠等设施完成的水资源循环形式。通过各种中介结构的过滤，水资源可以得到极大净化，因而井水与鱼塘水是截然不同的。鱼塘水质在得到极大净化的同时，还能够有效地缓解因大降雨所引发的洪涝灾害，这不能不说是侗族乡民的一大绝妙创造。

总之，这样的鱼塘建构，一方面增强了村寨内部水资源的自我循环能力，可提升本村寨内部对水资源的开发和利用价值，净化了水资源。另一方面则是通过鱼塘与其他的生活细节相结合，加大相互间的整合力度，增强各部分之间的黏合力，以便发挥超出单一要素所能够发挥出来的功能。显然，这是侗族文化在建构的过程当中，以最小代价而获得最大资源利用方式的典范。

保障生存安全是人类自然属性的一个重要表现，而且也是文化建构的必备功能，因而民族文化在建构的过程当中，总是将安全摆在第一位，而不仅仅是以一个空泛的概念向人们灌输某种思想，每一个细节都能够体现出人们对人身安全的考虑。黄岗侗族村寨的建构，更是将人类获得安全的意识、防范各种火灾的潜意识发挥到了极致。对整个侗族村寨的布局进行详细考察后不难发现，千百年以前的这一精深认识和人为建构，一点都不亚于当今社会先进的消防安全防护体系，从某种程度上说，甚至超过了用现代高科技武装起来的消防安全防护体系。

我们都清楚的一个事实在于，侗族传统的生息区盛产杉木，在"靠山吃山，靠水吃水"思想盛行的年代，侗族会充分利用自己生息地的优势，因而他们的建筑都以杉木为材料建构而成，整个房子几乎看不到一颗铁钉，就连榫子也是用杉木或南竹做成的。你很难想象没有一钉一铁的几根木头就能够傲立于天地间，任凭风雨的洗礼而不倒下。但侗族乡民做到了。正因为这些建筑都是由木头建成，因而如何防止火灾必然成了侗族村寨建构过程当中必须重点考虑的问题。笔者在侗族北部地区的一些村寨做田野调查时发现，这儿的村寨经常发生火灾。少则烧坏一户人家的房子，多则将整个村寨几乎化为灰烬。笔者来到黄岗的时候才发现，这里有同样结构的木房，却很少发生火灾，其关键原因是这儿的鱼塘建构发挥了防灾功能。

正如前文所述，黄岗的整个寨子是以人工建构起来的鱼塘为根基，将整个村寨构成一个木头加水的有机整体，因而一旦失火，立刻能够就地取水将火势迅速扑灭，而不会造成巨大的损失。同时，即使其中的某一户住房突然失火，最多只会烧掉该户的住房，而绝不会蔓延到左邻右舍，因为住房与住房之间，照例都隔着鱼塘，即使火势再大，人们也有充裕的时间做好准备，只需取用鱼塘中的水将左邻右舍的房子浇湿，周围的邻居便能安然无恙。然而，在北部侗族地区则不一样，这里的一些村寨，整个寨子见不到几口鱼塘，即使是有鱼塘，也只是零星分布，甚至有些还远离村寨，或只有一两口水井而已。这样一来，显然不能大大地降低火灾发生率，而且给扑救带来极大的困难。

黄岗这种人工建构起来的鱼塘，与整个社区建构过程相互匹配，构成一个紧密联系的网络，而它所能够发挥的不仅仅是自身的功能，鱼塘的存在还管护着这里整个寨子的安全与稳定。它在有效维护村寨安全的同时，更是极大地降低了人们维护村寨安全的成本。它的维护成本极低。它不需要人们另花费大量的精力和物力对其安全设施加以维护，而是在运用鱼塘的过程中，连带完成了防火设施的维护。这种将维护与利用有机结合的办法，有效地降低了人们的生活成本和安全成本，因而它的安全维护随之变得更有效。投入与产出之间，真正做到了投资的最小化和安全的最大化，顺应了人类对社会发展的根本期望，因而鱼塘得到侗族乡民的关爱也就变得十分自然。

这样的鱼塘建构与村寨布局理念，在我国都市化日益快速发展，以及城镇化迅猛发展的今天，更值得大家借鉴和参考。这对我们更好地加快都市化进程和做好城镇化工作具有不可忽视的借鉴意义。否则，城市发展的成本不但不会降低，反而会愈来愈高，增加国家的负担。处理不好，甚至还会成为我国社会经济可持续发展的绊脚石。

正是基于鱼塘在黄岗村寨安全维护中的特殊作用，黄岗人从内心深处早就种下了一颗特别的种子，那就是人类的生存环境理应在鱼塘、在水环境的包围中才是正常的生活空间，因而每一个侗族乡民都要尽可能地为鱼塘的建构做出努力，而每一个乡民也将维护鱼塘当作是规范自己的行为。当然，他们也不是只为公而公，为公益而公益，因为这儿的鱼塘还有它的综合利用价值，那就是可以为鱼塘的所有者提供丰厚的报偿，从而做到了侗族文化的理性、科学建构，即公与私的有机结合。

一般而言，鱼塘的基本功能应当是以纯粹养鱼为主要目标，而不是其他。笔者在其他地方的田野调查也确实验证了这种一般性的认识。然而，与其他地方的鱼塘功能有所不同的是，黄岗侗族村寨鱼塘的主要功能不仅仅是养鱼，而是将多种功能集于一身。也就是说，这儿的鱼塘的产品是一大类生物与非生物生产生活用品。归结起来，这儿的鱼塘综合产品至少包括如下三个方面。

一是鱼的产出。鱼在侗族传统文化中扮演着极为重要的角色，养鱼是他们日常生活的一大乐事，也是一大盛事。黄岗侗族乡民饲养的鱼分为两种，一种是可以食用的，而另外一种则是不能食用的。据当地的侗族乡民介绍，他们在稻田中饲养的鱼主要是用来食用的，吃不完的还可以制成酸鱼存放起来，成为日常生活的美味，或者是待客的佳肴。另外一种则是他们在村寨内部的鱼塘里面所饲养的鱼。这些鱼是作为母鱼和鱼种来饲养的，因而绝对不准食用；谁要是偷盗鱼塘里面的母鱼，就会受到十分严厉的惩处。母鱼产出的鱼苗则放养到稻田中去，因而喂养母鱼是将鱼塘与稻田有机结合的纽带。与此同时，用不完的鱼苗，既可以出售，也可以继续留在鱼塘中，任由鸭子取食。母鱼繁殖出来的鱼苗，也在上述弹性控制之中，实现鱼塘生物物种的动态平衡。因此，就这一意义而言，鱼塘里面喂养的这些母鱼的产出量就难以估算了，正如"鸡生蛋蛋生鸡"那样，无限循环。同时，乡民们还把鸭子也喂养在这些鱼塘中，而鸭子的介入不但加大了水体的流动，使得水体表面与鱼塘底部氧气的交换能力增强，有效地促进了鱼塘底部有机沉积物的降解。同时，鸭粪既是鱼的饵料来源，也是增加鱼塘底部有机质的重要原料，甚至还是植物生长的重要肥料来源。这一切，在侗族乡民建构起来的鱼塘中，被有机地整合到了一起，发挥其重要生态功能的同时，也为侗族乡民提供了美味的食品，保证了"稻-鱼-鸭"共生种养范式的持续推进。

二是各种家养牲畜饲料的主要来源之一。侗族是一个农、林、牧综合经营的民族，猪、牛、马、羊是这里乡民主要喂养的家畜。这里的猪主要是实行圈养，而牛、马、羊等，白天有的时候在山上放养，待到夜晚时就赶回家，而且还要另外喂饲料，以便它们长得更加肥壮，因而每天都得获取一定量的饲料。这样一来，当地乡民就充分利用他们建构起来的鱼塘，不仅仅是在塘里养鱼，还在里面进行各种饲草的种植，如浮萍、水浮莲、菱角、莎草、水芹菜等。由于这些鱼塘就在自己住房的旁边，因而打捞十分方便和容易，特别是在农忙季节，不用远距离获取饲料，可以省去很多时间。早晨起来的时候，妇女往往就顺势在鱼塘里打捞这些水生植物，作为猪、鸡、鸭和鹅的早餐，而男人们则是磨刀，装备好其他工具准备上山。这些水生饲料作物生长极快，可以反复取用，而且还不需要任何附加投入，就能够满足众多家畜的饲料供给。鱼塘这种综合利用价值的潜在好处还在于它能够净化水体，有效地将人们日常排入的生活废水进行脱污，确保居住环境的水质优化。青山绿水的维护与鱼塘的综合产出就这样实现了辩证统一。同时，这些水生植物还极大地提高了生活区的生物多样性水平，支撑众多野生生物的稳定生息，与人类社会结成一个相互依存的生物圈。

值得一提的是，鱼塘底部的淤泥还是各种微生物滋生的理想场所。每年在清淘鱼塘的过程中，这些淤泥都会被清理出来，作为稻田的肥料使用，进一步确保当地稻田生态系统获得仿生的功能，使稻田中的微生物结构与天然的水体环境极为相似，物质、能量和信息都可以在天然环境和人造环境中相互融合，共同形成一个完整的生态系统。

三是这些水生植物将水面层层掩盖起来后，能够有效地抑制水资源的无效蒸发。照理，由于侗族生息地处于我国的亚热带地区，因此气温高、蒸发量比较大。但是由于这里的鱼塘将水资源汇总以后，水体不会散存于地表遭到太阳暴晒而蒸发掉。关键还在于，乡民们在鱼塘中种植各种水生植物，这些植物能够有效抑制太阳光对水面的直接照射，将可贵的水资源保留在鱼塘之中，而且惠及江河下游。同时，也正是因为有了这些鱼塘的存在，大量的水体还能够很好地起到降温作用，增加空气的湿度，使得夏天原本极为炎热的侗族生息地，在鱼塘生态系统的调控下，昼夜温差也不大，变得凉爽宜人，免去了酷暑的威胁。鱼塘亦能缓解严冬时的超低温，起到了天然空调的作用。也就是说，这儿的鱼塘不仅仅为这儿的侗族乡民提供各种物质产品，还为侗族乡民提供了一个理想的居住环境，但却不需要额外的能量投入，因而这是一种投入成本极少的舒适人居环境维护的杰作。

　　黄岗侗族乡民自从在这一地区生息以来，总是以尊重自然为终极发展目标，而不是驯化自然，或者是改造自然，他们与自然不断磨合，最后达成人与自然的和谐共存。人工鱼塘的建构，正是侗族乡民对这一生存环境深刻认识和判断之后才取得成功的典范。它不仅证实了此前的研究成果，也就是学界大多数专家学者所认同的——侗族村寨大都是沿水而建，而流出社区的水流质量都能达标这一事实。更为重要的是，这儿的侗族乡民之所以能够完成这一水质净化，能够将生活污水就地脱污，九成功劳归于他们建构起来的鱼塘。与现代化的都市相比，当地鱼塘的脱污攻效和成本都经得起现代科学的验证，但为此而付出的成本却比现代化的都市低得多。同时，鱼塘所能够发挥的优化人居环境和提高生物多样性水平的环境维护功效反而是现代化都市望尘莫及的。这儿的鱼塘建构不是游离在民族文化之外，而是当地侗族传统文化的有机构成部分，因而它必然能够在民族文化的呵护下健康成长。因此，一口小小的鱼塘建构反映的不仅仅是当地的水资源运行状况和综合产出水平，其背后是民族、文化与生境三者之间具有完善的互动耦合运行体系，而鱼塘的建构正是这一耦合关系的具体体现。

聚落有古树

◇　荆坪北斗七星重阳树

◇　古树管尽人间事

◇　天星苗家不砍古树

中国传统村落中，有"村中有古树，必有长寿人"的说法，人们习惯于将古树的根深叶茂与老人长寿健康联系在一起。在荆坪古村，古树与老人的关系亦如此。荆坪古村里的古树众多，八九十岁的老人也比比皆是，当地人也都认为村中古树代表着村中老人德行高、寿命长、福气好。

（一）荆坪北斗七星重阳树

七星重阳树的栽植是按照北斗七星状排列的，那么七棵重阳树就对应北斗七星中的七星。《太平御览》引汉代纬书《春秋运斗枢》言："北斗七星，第一天枢，第二(天)璇，第三(天)玑，第四(天)权，第五玉衡，第六开阳，第七瑶光。第一至第四为魁，第五至第七为杓，合而为斗。居阴布阳，故称北斗。"七星相连成形，状如舀酒器具"斗"，又位于北天，故称为"北斗"；民间则通俗地称之为"勺子星"。

当年潘氏始前祖潘贞周为了弥补荆坪当地文峰山的缺失，于是在祠堂东北方向栽植了七棵按照北斗七星形状排列的重阳树，以树来弥补山的缺失。东北方的高树，就相当于笔架山(形似文房四宝中方毛笔的笔架的形状)。后来荆坪古村文风笔正，读书风气盛行，而且取得功名的也不少，当地人认为或许与当年贞周公的这一睿智之举有着密切联系。

七棵重阳树是按照天象学排列栽植，用这七棵树来代替北斗七星，可谓贞周的独特之处。他希望他在这个地方为官能一路坦途，为当地服务，也希望他的子孙后代要有北斗星的百变不移精神。

要以北斗星为坐标做人做事，"以北斗星为坐标做人做事"在潘氏族谱里也有提及。

七星重阳树，顾名思义，就是村中按照北斗七星位置而排列的七棵重阳古木。相传这七棵古树为荆坪潘氏始祖潘贞周所栽植，贞周来到荆坪已有936年，刚好和林业部门对古树测算的树龄相差无几。清同治十三年(1874年)《黔阳县志》记载："双封桥，距离黔阳县城北六十里荆紫坪。桥二座，旁有重阳七株，宋时物也。"

七星重阳树，沿荆坪潘氏祠堂的东北方以七星状分布。以双封桥(当地人也叫双丰桥)为分界线，分为桥内五棵，桥外两棵。七棵古重阳树现存五棵，另外两棵中的一棵由于树老自然倒塌，另外一棵由于人为原因而被烧毁。

相传道教最好的法器是桃木剑，如果家里有恶鬼，用桃木剑或桃树枝打，鬼就会逃之夭夭。但是重阳木是驱邪的更好利器，比桃木更有驱邪功效。在当地人的心目中，古树树枝落下来，就是古树对某种现象的愤怒。

（二）古树管尽人间事

荆坪古村有一棵树特别有灵性，所以称为"灵公树"，当地人又叫它"灵公太太"。当地人拜灵公树，一是求子，二是求功名，三是求财，四是求寿，五是求失物得归，六是求夫妻好合，七是求减灾。

灵公树，当地百姓称为曼青冈，为黄栗树，树龄约为 500 年。该树位于荆坪古村古池塘（三叠月塘）东北方向直线距离约为 190 米处。灵公树在当地与古重阳树一样有其重要地位，从树下遗留的纸钱灰及香灰分析来看，灵公树及其下面殿宇供奉的潘法通等，信徒非常多。

灵公树下有大小七座殿宇，最大的为供奉潘法通灵位的殿宇，七座殿宇里面供奉着当地巫傩道教老司潘法灵、法通等几代老司的灵位。这些殿宇都是其弟子和弟子的房族亲戚捐资修建的，因最早的老司为潘法灵，所以当地人称灵公祠。荆坪附近百姓对灵公树下的祖师十分敬重，据说灵公树有求必应，长此以往，人们也称有求必应的灵公树为许愿树。2010 年农历十一月，由荆坪族长潘中兴及排坊组组长潘仁树牵头，重修灵公树下殿宇，并整砌四周保坎，使之重现昔日气派。

关于灵公树还有一种传说在当地流传。相传天上的灵公菩萨云游至荆坪，见这里水秀山明，土地肥沃，就停下来玩了几天，走时不小心将衣袖里装的从雪峰山上采下来的黄栗树籽掉了一粒。第二年春天，荆坪的土坡上就长出了一棵黄栗树。老百姓都很奇怪，怎会长出这样一棵树呢？所以就将其留了下来。因为大家的好奇，黄栗树得到村民的爱护，也长得很好，一代一代的荆坪人就这样守护着这棵难得的树。很多年后，黄栗树已经长成一棵参天大树，每年花开不少，但很少结果，大家都感到很奇怪。有一年遇上一场天灾，当地百姓粮食收成很少，很多人老早就没了口粮。可就是这棵黄栗树结了满树的果实，就是这些果实救活了村里的很多老百姓，村里的一位百岁老人做梦是"灵公老爷显灵了"。从这以后，大家对这棵树越来越尊敬，还在树下修建殿宇来供奉灵公树神，农历每月初一、十五，逢年过节还会有人来烧香许愿。说来也怪，凡是来树下求愿的人，大部分都心想事成。老人说只要心诚，灵公树神就会显灵。

如今很多年过去了，灵公树还是那样枝繁叶茂，树下的殿宇已修过多次，当地百姓依然心诚如故，树下还愿的木桄杆越立越多；香灰香棍到处都是。这五百年的灵公树和善良的荆坪人，因为一份信仰和心愿，彼此世代相连。他们相信，只要世代守护着这棵古树，日子总会一天比一天好。

这些求愿仪式的进行，都需要当地的师傅(巫师)来主持。当地的女巫师称为仙娘，男巫师称为童子。当地人认为童子或仙娘是灵公太太的化身，也就是灵公太太附体。当主事的童子或仙娘过于年老或者即将去世时，灵公太太将会寻找下一个与他生辰八字相同的人来继承，其过程就与西藏的达赖与班禅过世后选取灵童作为新的首领一样。

求夫妻好合这一项，据说如果夫妻之间不和，或者结婚后女方不喜欢男方，男方不喜欢女方，就可以请师傅去劝和。夫妻双方不必都到场，师傅到时会给来求愿的一方一颗糖或一个苹果，只要把这拿回去给没来的那一方吃，就可以了。求子的话，也是由一个师傅率领，由师傅代表夫妻双方向灵公太太求取，但是夫妻双方必须都要到场，跟随仙娘或童子向灵公太太请求发放孩子。

据传在求子、求功名等七项上，必须要由童子或仙娘向灵公太太求取。这七项都必须备好纸钱、蜡烛、香，还要有贡品，贡品有糖果和水果。还愿的时候还得请师傅去。愿望一旦达成尤其是求子成功，家里就要请唱戏的唱大戏，唱潭戏、傩戏还有辰河高腔，最次的话是阳戏。然后要给唱戏的和师傅发红包，并且要请师傅坐上席，因为他(她)是代表灵公太太。其他的，比如求功名应验后，还愿就不用唱大戏了，需要到灵公树下的殿宇门口摆上前面所讲的供奉物，而且纸钱要多烧一点，并且要请仙娘或童子前去以示虔诚。

将军树。将军树位于五通庙前，如一个挺拔的将军守卫着五通庙。而将军树背后的故事也最为奇特，用当地百姓的话来讲，就是"将军树，它成精了"。而它又与清乾隆帝师潘士权、明朝兵部尚书潘丙然等有着千丝万缕的联系。关于它，当地有着一个个美丽的传说。

当地传说，每逢刮大风，下大雨，雷鸣电闪，尤其是白天，如果你能看到树上的一条金龙(迷信说法，其实是乌云形状)的话，这是一个好兆头，就意味着接下来你将有一番大作为，走上人生巅峰。据潘氏后人讲，潘氏家族中有三个人"看到了树上的金龙"，而且他们都做了大官，并且非常出名。第一个就是明朝万历年间著名的治水专家潘季驯。第二个就是清乾隆皇帝的启蒙老师潘士权，潘士权因为"看到这条金龙"，后来便成为帝师，并在辞官回乡时得到了皇帝御赐的"见官大三级"的荣耀。第三个就是明朝的兵部侍郎潘丙然。

"夫妻树"。"夫妻树"位于双封桥内。在七棵古重阳树中，有两棵长得特别亲密，枝缠叶绕，互相依偎，人称"夫妻树"。关于"夫妻树"的传说，当地还流传着另一个版本。在古代瑶族与且兰国发生了一次战争，从半夜打至天明，且兰国一度被瑶兵踏平，只剩六个王子和新婚的夜郎公主还在浴血奋战。最后，瑶兵将六个王子和新婚的夜郎公主七人逼至潕水河边，他们面对汹涌的河水和残暴的瑶兵没有一点惧色，一起齐身跳入滔滔江水中。瑶兵抢光了且兰国里的一切财物后返回大山里。第二年春天，在夜郎公主和且兰国王子投河的河畔，长出了七株小树。百年过后，七棵树苗长成参天大树，其中的两棵紧紧地依偎在一起，枝缠叶绕，十分亲密。当地百姓认为这是公主与王子的化身，其中相挨着的两株为夜郎公主和且兰王子夫妻二人，所以大家都称之为"夫妻树"。千年过后，七棵古树依然挺立在河边，其中的"妻子树"身上，还长出了五种不同种类的杂树，分别为观音树、苦栗树、金蜡树、刺桐树、槐树，这让它不仅像一位多情的妻子，而且更像一位慈爱的母亲。百姓见后，颇感惊奇，认为是"夫妻结合，多子多福"之意。如今这七棵古树被当地老百姓视为保佑荆坪的守护神。其中的"夫妻树"象征着夫妻恩爱，多子多福，百年好合。

亲娘树。在当地人心中，一棵名叫"亲娘树"的古树地位很高，它是七棵古树中树龄最长的，也是当地香火最旺的，来参拜的信徒络绎不绝，并且在树下有两座阴公庙，香火也非常旺。在当地有把小孩拜继给七星重阳树中最古老一棵的习俗，俗称"拜干娘"。湘西许多地区也有同样的习俗，就是一些人家为了使自己的孩子易长大成人，有把孩子拜继于人、于某种事物的习俗。在拜继前，一般视孩子的"五行"和家庭情况来确定拜继对象。如果家里的人认为自己的孩子"五行"缺木，就把孩子拜继给大树做干儿子（干女儿）。在拜继前会认真选择大树，选择树龄在百年甚至几百年且树干粗壮、长势良好的大树，其意义是高大的古树有挺拔的树干，雄姿勃勃，历经沧桑之后长成栋梁。拜继完后，便在拜继的树上系上一条红色布条。从亲娘树上挂的密密麻麻的红布条来看，信徒数量可观。

　　而在荆坪地区，拜继的仪式兼具南北风格。荆坪地区拜继主要是为了消除"关煞"，或者消除病痛，并且不限年龄——无论多大年纪，随时可以拜继（当遇到病痛时），拜大树为干娘（爹）。如果一对夫妇结婚以后生下的小孩"关煞"很重，如夫妻关、断桥关、溺水关，还有高空关，为了免除"关煞"，让孩子平安成长，那么就必须把儿子拜继给他人，就是要拜干爹、干娘。如果你的儿子拜张某做干妈，拜她的老公李某为干爹，但是张某和李某肯定会对你多有想法，所以拜继给他人多有不便。为了避免这种误会，就可以找一个替身，这个替身有三种——一是千年古树，二是大石山，三是古井、古桥，就拜这些为干娘（爹）。

　　拜继的时候是有讲究的，仪式很庄严。首先在当地巫师主持下，要写告文，要向天地祷告。举一个例子，现有一对夫妇卓某（男）和叶某（女），要将孩子拜继这棵古树为干娘，告文内容如下："我叫卓某，与叶某生育一子，叫卓某某。今吉期测定，向全天下的神灵告之，卓某的小孩，拜认千年古树[千年古重阳或荆坪古重阳（树）]为母亲，敬请千年古重阳（树）保佑卓某某，颐（易）养成人，长命百岁，万事胜意，心想事成。卓某携妻叶某跪拜叩首，携妻叶某及子卓某跪拜叩首，公元×年×月拜立。"并且还要准备相关贡品，需要买三牲以及其他所需东西，要进献，烧纸钱，烧香，点一对蜡烛，纸钱多多益善（当地方言叫"随喜"）。

　　这里就产生了一个疑问，比如李某拜这棵古树为干娘，而他的儿子李某某也拜这棵树为干娘，那么父子二人按照辈分关系就要以兄弟相称，这是有悖伦理道德的，是不被允许的。为了避免发生这种情况，一个人拜了哪一棵就要在族谱里记载。举一个例子，潘姓某一家，首先潘甲拜了一号树，那么族谱里就会有记录。如果其儿子潘乙也要拜，就不会再拜一号树而是去拜二号树。同样，其孙子潘丙则是拜三号树，后续依此类推。以五服为一轮，拜完一轮即可重新从一号拜起。并且，拜干娘的人数量并不是很多，只有有需要时才会去拜。

（三）天星苗家不砍古树

苗族民众对枫树有深深的崇敬心理，现在瑶光寨留存有两座祭拜枫树的石碑，分别撰有碑文。较早的石碑立于清光绪五年三月（公元 1879 年 3 月），记载了岩神会的成立过程：

> 迄今合村共享升平，虽叨上天之庇，而要莫非枫木岩神之灵所致也。用是志切酬功捐资约会，祀义不一，以岩神会统之。会期无常，以三月朔定之。①

枫树在瑶光民众看来是"神树"，是地脉所在，遇有天灾人祸会提前通过异象显现出来，被视为全村安宁的保障。人们出资成立"会"，祭祀有灵气的枫树、岩石诸物，统称"岩神会"。第二座石碑立于民国三十年（1941 年），亦对岩神会的缘由有所交代：

> 然观音成形，后龙有古树，大小列空，实称至灵，历为吾乡保障。凡乡中遭变乱，均显神威佑，为正者逢凶化吉，为邪者神不相拥助。先人创会于前，吾人既沾其泽，又当此国危寇深，人心离乱，应当继会于后。一系酬神魏德，二可团结我地人心，作相应准备自卫地方。②

瑶光的岩神会，是对物的崇拜。从建会之初即约定以三月朔作为聚会的日期。岩神会最开始以信仰组织的形式出现，但后来演变为村寨的自治组织，甚至在战乱年代起到号召民众保卫村寨安全的作用，变为一种地方自治

聚落有古树

111

武装。因此，在相当长一段时间内，岩神会既体现了瑶光民众赋予特殊的物以灵气，并加以祭拜的信仰；又反映出其作为民间自治组织的存在，集信仰需求与服务现实社会于一体的特点。

天星村中古树种类比较多，有楠木树、白果树、枫树等，除了马角坳这个新成长起来的寨子，其他每个自然寨都有生长茂盛的古树，并且这些古树大多数与土地相伴而生。村中的古树都是老祖宗留下来的，严禁砍伐和售卖，也没有人愿意去砍，更没有人敢砍。

曾经有人看上天星村一组的一棵古树，出高价买这棵树。因树是村民集体所有，包括当任组长在内都无法做主是否出售。无论谁要卖古树，都将被其他村民唾骂。但那个人实在是喜欢这棵古树，便出了个馊主意：既然古树是无主的，只要砍了它运走，就是他的了，与谁都无关。于是他放出花 300 元请人砍树的消息。一天天过去，仍然没有人给他回话。他想得太简单，古树是集体所有，岂容他一个外人就随意砍了去？古树是有灵性的，不能随意破坏，更别说砍了。村民根本没人敢砍古树，除非是亡命之徒，挣钱不道义之人。村民都知道伤害古树是要遭报应的。

天星村杨家寨村民杨某家住在古白果树旁边，两人合抱才能把这棵白果树抱住，大家都说它的根长延展到了杨家寨大半个寨子。杨某计划修 3 层楼房，想把家中房子建成全村最高的楼房。但修建第三层楼时，几根白果树枝挡住了修建。于是杨某父子决定把伸过来的白果树枝砍了。正砍树时，父子从楼上摔下，一个摔断了腿，一个摔断了手。虽然有人觉得摔下来与砍古树无关，从高处摔下是常见的事，应该纯属巧合。但杨某的儿子却相信白果树已经"成精"了，就是因为砍了它的树枝他们父子才会摔下来，如果没有砍它，肯定不会从楼上摔下的。大部分村民也认为杨某家建房挖基脚的时候，动了树的根，建到它上面还要砍它的枝，相当于动了它的手和脚，这肯定不行。后来心里畏怯的杨某家请了师傅到白果树下打办，请求白果树原谅。现在杨某家的房子建好了，悔罪后全家人依然住在里面，但是也付出了相应的代价——父子俩都成残疾了。

古树落的枯枝都不能去捡。如果小孩子放学路过那里去捡枯枝，会被大人打手板。枯枝落叶虽然不能用手把它捡走，但是却可以用扫帚把它扫干净，并堆到树脚下或者烧掉。

聚落住屋有"讲究"

◇　住屋有"尊严"

◇　干栏建筑的样式

◇　干栏建筑有尺码

◇　营造民居有讲究

◇　家屋有对联

人类的住屋，不同于鸟窝、狗窝，不同于猪圈、牛棚，更不同于其他类动物的住所。动物的住所，仅仅是为了安身，或者储存食物，或者御寒等。人类的住屋是人类文化的创造物，这样的文化产物不仅是遮风避雨的场所，也是人类储存食物、生儿育女的地方，最重要的是人类获得尊严的地方。人类是靠尊严去生活的，人类是有尊严的动物，人类的尊严在人类生活的各个方面都会直接或间接地体现出来，也是在人类活动的各个场所直接或间接地获得这样的尊严。住屋展现的是一个文化事实体系，这样的文化事实体系，有别于任何其他动物的"住所"建构。住屋也是人类构造物最直接服务于自己的产物，这样的产物展现出人类文明的程度与进程。人类的尊严就是在这样的过程中不断地被培植与构造出来的，于是，住屋也就与人类尊严有着必然的联系。

（一）住屋有"尊严"

住屋是安身之处，只要屋好，什么都好。中国人的传统观念中重视建房子，一生能修得一栋房子，让家安定下来，就是比较成功了。

住屋，不同民族在特定的环境下会有不同样式。中国乡村住屋的"风水"观念与故事，住屋布局与配置，住屋机构与组件功能等，与北欧多雪环境的"哥特式"住屋是完全不一样的，也与热带遮风避雨结构的住屋是不相同的。也就是说，不同民族所处的环境不同，其住屋的样式可以千差万别，但其本质都是为了人类更好地生存。在这种生存动力驱动下，人类的尊严在成长，并不断地体现出来，这就使得人类的住屋在文化建构中极为重要，越来越具有文化的特性。从简单的实用的层面逐渐被优雅、豪华、地位、权力、象征、符号等代替，这些并不实用的部分，却尽在展现人类的尊严。这是"文化"的结果，也是"文化"的过程。

人类的文化是指导人类生存发展延续的人为信息体系。在这一信息体系的作用下，处于不同历史过程，面对不同的生态环境和族群交往关系，其所构造出来的文化事实体系是各不相同的。但其功能都是为了共同生存与发展。可以通观人类对住屋的定义，从这一定义出发来理解人类住屋的价值，从而使得乡村社会可以珍惜自己的住屋，看重自己住屋的价值，这是获得尊严的基础。住屋的发明与建构，就是其中一个特定的文化事实。乡村社会，人们在野外劳作，而一旦劳作结束，就回到住屋里，住屋成为乡民生存发展的最重要的组成部分。这里，我们需要对人类住屋建筑进行全新的认识，需要把人类不同文化共同体的住屋建筑历史列入一个菜单，从"有巢氏"开始，到当今风靡的"别墅"，让乡民充分地了解这一住屋建筑历史的演变过程。通过对其演变历史的了解，知道人类住屋是人类尊严的象征，是人类获得尊严的体现，也是人类生活出尊严的标志。与此同时，也需要对当今世界不同文化下的群体所拥有的住屋样式进行菜单式收集，从中看到不同文化体系下的人类住屋的价值与意义，以便我们在了解乡村启蒙中获得更多的参照物。这样的参照物，从样式到结构，从质地到符号，从主体到偏角，从选址到道路，从水电到网络，从安全到便利等，都需要通盘考虑，全面分析。

住屋最直接的功能就是让人体"舒适"。为了人体的舒适，不同民族在应对所处的生境时建造出了不同样式的住屋，我们需要将这些不同样式的住屋列入"菜单"，通过对这个"菜单"的对比与分析，探寻不同环境下何以会构造出不同样式的住屋来，这能为改造乡村生活住屋提供一些参考，包括质地、样式、工艺、布局、配置等，建造出适应于特定环境的住屋。住屋以"舒适""方便"为基本出发点，充分利用当地的特产资源，运用当代技术，建构出体现当地文化特色的住屋，从其文化的体现中培植乡村百姓的尊严。使人们在舒适的生活中凸显其尊严，获得身份的认同，从而获得尊严与自信。

通过住屋的修筑，培养乡村的"木匠"，借鉴其他民族的工艺、技术技能对乡村木工工具进行改造，将本民族传统工艺升华，使每一栋新建住屋或对旧屋的改造都成为"经典"，都有特定的"故事"，都体现或展示所在乡村的文化意蕴。从住屋的整体结构可以看出乡村文化的空间分布与时间流逝的交错。使住屋的每一个配件成为一个文化符号，以住屋来传承乡村文化，这是一种荣耀。

（二）干栏建筑的样式

干栏建筑属于一种悬空吊脚楼，严格地说，只是一种半干栏民居建筑模式。在日常生活中，人们没有那么严格地去区分这两个概念。但是在建筑理论上，"干栏"与"吊脚楼"两个概念还是有形制上的区分。干栏建筑在古代称为"巢居"，俗称"麻篮"，在楚国南方还有一种极类似于"麻篮"的鸟巢状用具——"陀篮"或称为"团篮"。此类用具如鸟巢一般。麻篮是侗族妇女纺纱织布的一种类似于鸟巢状的用具。陀篮是古代湖湘楚国一带地区盛猪草的工具。陀篮（或团篮）与麻篮都是由青竹篾精织而成，形状像鸟巢，正是这种鸟巢式的建筑后来演变成干栏建筑。根据浙江余姚县河姆渡遗址发掘，百越先民早在六七千年前，就可能在利用竹木材料建造大批带榫卯结构的干栏建筑。

土家族的转角楼也是干栏建筑样式，是土家民居中一种独特的建筑形式。一般土家人住一栋房，其长有连三间、连五间、连七间、连九间等多种样式，其进深有三柱四骑、五柱四骑、五柱八骑等样式。一栋连三间（四排三间）的木房，居中的那间叫堂屋，作为祭祖、迎客、婚丧等重大活动之用。左右两间叫住房，前房为火铺，为聚餐用火议事之用，后房为卧室。如果房基够宽，家境又比较富裕，则在房子的右边配偏房，安放灶房、柴房和牛栏、猪圈；左边配厢房、楼子，楼子下安排碓磨和粮仓，上作为"书房"或闺女的"绣房"。房基临坎，楼子则吊脚，无坎则柱与正屋齐，只在二楼走廊上吊些假柱头。不管吊脚不吊脚，在楼子外侧一定要翘檐转角，故称"转角楼"。土家山歌："山歌好唱难起头，木匠难起转角楼，岩匠难打岩狮子，铁匠难滚铁绣球。"土家俗语云"你屋雄（富有之意），你屋雄，难（音译）么没起转角楼（或冲天楼）""四川有座峨眉山，离天只有三尺三。树比有座冲天楼，一只角伸到天里头"。

我国西南地区的壮族、布依族、侗族、苗族、水族等的房屋亦多为干栏建筑。上层住人，下层饲养牲畜、堆放杂物和农具。干栏还有高栏与低栏之分，高者底间较高，可容纳家畜及置放杂物；低者距离地面较近，一般仅仅是为了防潮湿之用。干栏建筑是百越民族根据自然地理、气候、物产条件所创造的富有民族风格和特点的建筑。

干栏建筑除了满足人类对住房的实用需求，同时为家禽牲畜提供饲养场所。由于建筑的实用性，逐步产生了畜屋和畜栏式建筑。从当地建筑底下出土的文物资料就能证明汉代就有了畜屋、畜栏式建筑。干栏吊脚楼式建筑就是在人居屋的旁边搭建猪圈和牛栏，或者是在干栏建筑的下面养猪、养鸡或堆放农具和杂物，人住楼上。除家庭适应性外，为了实用的需要，当地还配置一些聚落标志性的公共建筑，如鼓楼、凉亭、萨坛、庙宇、庵寺和福桥等。这些建筑都是以木质为主，既是为了适应生态环境，又是为了防震。

吊脚楼一般可以分为以下几种类型。第一种是单吊式，是指正屋一边厢房伸出悬空的结构部分，下面用木柱来支撑房屋的主体结构，这种干栏吊脚楼是民居建筑中最普遍的民居建筑形制。单吊式俗称"一头吊"或称之为"钥匙吊"，如"中"字形。第二种是双吊式，是指在正房两头都吊出厢房。单吊式和双吊式并不是因为地域不同而形成的，主要是视个人家庭经济条件和家庭人口的需要而定，单吊式与双吊式常常会出现在同一个地方。双吊式俗称"双吊头"或"撮箕口"。第三种是四合水式，是指正屋两头厢房吊脚楼上面的部分联结体，形成一个四合院。四合水式吊脚楼格局是在双吊式的基础上发展而来的。四合水式的特点是两厢房的楼下就是大门，从四合院进大门，要走几步石阶才能进正屋。第四种是二屋吊式，是指原有的吊脚楼上再加上一层。这种方法对单吊或双吊都比较适用，这种形式的吊脚楼是在单吊基础上发展起来的。第五种是平地起吊式，按照地形来说不需要吊脚，却偏偏要将厢房抬起来，用木柱来支撑房屋的主体结构，支撑用的木柱落地面要与正屋地面平行，使厢房高于正屋。这种形式的吊脚楼是在单吊的基础上发展而来的。以上这几种类型的吊脚楼，是湘西侗族、土家族、苗族等少数民族为适应山区环境而发明的建筑样式。

从清康熙年间开始，龙氏家族来到阳烂村定居以后，就一直采用这种木质结构的干栏建筑。干栏建筑的主要特点是在地基上先竖预制好的立柱，然后离开地面扎横桁，并在横桁上铺木板或竹片篱笆构成的地板。这种建筑形制是侗族为了避开当地生态环境的不利因素而设计出的一种干栏建筑形制，它主要是为了适应南方高温多雨、瘴气潮湿的气候；它既有通风隔湿、防瘴避暑的功能，又可以防止毒蛇猛兽进屋伤人；它既可以在底层圈养牲畜，也能防止盗贼偷东西。因此，侗族干栏民居建筑是侗族村民通过长期的建筑实践活动所形成的历史产物，又是侗族村民适应当地生态环境形成的历史文化习俗，而且还形成了侗族地域独特的建筑艺术风格，并以不同形式的原生态建筑展示了不同民族的文化特质。

从侗族民居建筑空间结构总体变迁特点来看，与以前相比，侗族干栏民

聚落住屋有「讲究」

居建筑空间结构发生了明显变化。由于建筑空间结构上的变化，吊脚楼的功用也发生了质的变化。这些空间结构变化主要体现在以下九个方面。

第一，从前第三层楼最矮，只有五尺八寸高，一般不用来住人，而是作为谷仓或堆放一些杂物之类的东西；现在三楼一般是用来做客房。

第二，从前第二层楼是用来做火塘屋、厨房，或者是客厅之类的公共空间；现在也用来住人。

第三，从前第一层主要是用来做厕所、养猪、养牛，存放农具和其他杂物，而现在一楼砌了一个大灶，用来举办红白喜事，主人出于对周围卫生环境的考虑，把原来房屋内的猪圈、厕所迁到了房屋的外面，并与住房隔离开来，这样人与畜分开居住，有利于家庭清洁卫生，也有利于周围环境的净化，更有利于人体健康。

第四，从前第一层的墙壁都是木板和树皮砌成的围栏，由于用木板容易倾斜，具有潜在隐患，于是现在改用红砖砌成。

第五，从前木楼的门一律在两边打开，而现在一般在两块板子的中间开门。

第六，从前的大门都是上宽下窄，之所以要这样设计，是因为阳烂村侗族村民认为门的上头代表进财，门的下面代表出财，或者说前门宽大，后门窄小，意思是前门大，进财多；后门兜财或漏财少。因此，现在侗族民居的门都是设计成上宽下窄，前门大后门小。这种设计的意思是"广进少出"。

第七，侗族民居建筑、苗族民居建筑和土家族民居建筑对门设计都非常讲究，不但门有方位、门有朝向、门有上宽下窄，而且门槛一般都比较高。俗话说哪家"门槛比较高"，也就说那家人的要求比较高、条件比较好。但阳烂村侗族民居建筑门槛高不是主人的要求高，而是房屋主人认为门槛高，可以拦住财富。现代侗族村民似乎对此已没有那么多讲究，而且对这个方面的要求也不是很严格。门不仅是为了采光通风、隔湿避瘴，而且具有民俗功能。

第八，从前楼梯间都是设计在房屋建筑内，以便于防盗。现在乡村社会风气较好，一般人都把楼梯间放到外面。

第九，从前木楼的窗户是没有玻璃的，而是用木条做的棒棒窗、格子窗和花卉窗之类的装饰性窗户。这种窗户制作工艺复杂，耗时耗工，也要耗费大量的木材。现在一般采用现代玻璃窗，既省时省力，又通风透气效果好。

我们从侗族干栏民居建筑设计与布局中就可以发现，侗族是一个具有群体意识的民族，这种杉木制作的干栏吊脚楼形成了具有当地特色的民族结构，充分反映了侗族村民擅长传统木制建筑，这种工艺设计也能反映出侗族的群体意识。侗族干栏民居建筑中的厅堂与火塘是最能体现侗族群体意识的功能厅。厅廊与火塘均设在二楼，它既是家人休息的需要，也是接纳客人、贵宾欢聚畅谈的场所。

（三）干栏建筑有尺码

"人是万物的尺度"，我们会用"身高八尺，一表人才"来形容人的外貌与学识。而人类还没有统一度量衡以前，会用最直接的人体尺度来度量物体。而且今天这种度量的方式在很多乡村社会中还在使用，说明人之法则源于宇宙自然之法则。那是因为许多生产工具和生活用具必须按照人类结构来制作。无论是原始古代的先民，还是拥有尖端科学技术的现代人类，大家都是按照人的结构来进行社会生产实践活动。生产工具和生活用具的大小、长度必须符合人的结构。鲁班曾著有《鲁班经》传于后世。中国古代有多种计量单位，如寻、仞、步、丈、尺、寸、分、毫等，但都是以尺为常用的基本计量单位。湘西少数民族工匠用的都是鲁班尺，其中涉及明清时期流行的"营造尺"，其换算公式如下：

鲁班尺 = 1.44 营造尺

门光尺 = 1.44×32 厘米 = 46.08 厘米

门光寸 = 1.8 营造寸 = 1.8×3.2 厘米 = 5.76 厘米

鲁班尺并非只是量门用，一切建筑、家具和器物都可用此计量尺度量，也就是说门光尺不仅用于门户度量，而且还用于房屋、家具和其他器物的测量。那种认为门光尺只用来计量门户的观点是不确切的，实际上它的度量范围已经扩大到计量庭院、家具和其他器物。

门光尺均分为八寸，每寸上面写有预测吉凶的文字及相应的谶纬用语。

《鲁班营造正式》和《鲁班经》中称其为鲁班尺或鲁班周尺，木工师傅称之为"八字尺"或"门光尺"。

一寸准曲尺一寸八分；内有财、病、离、义，官、劫、害、吉也。凡人造门，用依尺法。鲁班将一尺四寸四分分为财、病、离、义，官、劫、害、吉八个字，并在《鲁班经》中对八字吉凶含义逐一作了解释。有的书中把吉换作"本"字。《鲁班寸白集》写道：

财者财帛荣昌，病者灾病难免。

离者主人分张，义者主产孝子。

官者主生贵子，劫者主祸妨麻。

害者主被盗侵，吉者主家兴旺。

下面是历代鲁班弟子对鲁班门光尺八字吉凶利害所作出的概括分析：

财字
财字临门仔细详，外门招待外财良。

若在中门常自有，吉财须用大门当。

中房若合安于上，银帛千箱与万箱。

木匠若能明此理，家中福禄自荣昌。

病字
病字临门招疫疾，外门神鬼入中庭。

若在中门逢此字，灾须轻可免危声。

更被外门相对照，一年两度送尸林。

于中若要无凶祸，厕上无疑是好亲。

离字
离字临门事不祥，仔细排来是何方。

若在外门并中户，子南父北自分张。

房门必主生离别，夫妻恩情两处忙。

朝夕士家常作闹，凄惶无地祸谁当。

义字

义字临门孝顺生，一字忠字最为真。

若在都门招三妇，廊门淫妇恋花声。

于中合字虽为吉，也有兴灾害及人。

若是十分无灾害，害得师厨十可亲。

官字

官字临门自要详，莫教安在大门场。

须防公事临州府，富贵中庭房自昌。

若要房门生贵子，其家必定出官郎。

富贵人家有相压，庶人之屋实难量。

劫字

劫字临门不足夸，家中日日事如麻。

更有害字相照看，凶来叠叠祸无差。

儿孙行劫身遭苦，作事因循害邻家。

四恶四凶星不吉，偷人物件害其他。

害字

害字安门仔细寻，外人多被外人凌。

若在内门多兴祸，家财必被贼来侵。

儿孙行门于害字，作事须因破其家。

良匠若能明此理，管叫宅主永兴隆。

吉字

吉字临门最是良，中宫内外一齐强。

子孙夫妇皆荣贵，年年月月在蚕桑。

如有财门相照者，家道兴隆大吉昌。

使有凶神在旁位，也无灾害亦风光。

论开门步数，立单不立双，行准一、三、五、七、九、十一步为吉，其余者为凶。每四尺五寸为步，从屋檐滴水起量至大门，得单步合、财、义、官、吉门方为吉，此法各由匠人所传也。古人认为按照这种尺寸来确定门户，就能"荣华富贵、光耀门庭"。

鲁班尺有曲尺一尺四寸四分，告诉我们八寸门光尺与十寸曲尺之间的换算关系。鲁班真尺乃有曲尺，一尺四寸四分；其间有八寸，推曲尺害本（即吉）也。凡人家造门，依用尺法。假如单扇小门者，二尺一寸一分，压一白，鲁班尺在"义"上。单扇门开二尺八寸，在八白，班尺合吉。双扇门者用四尺三寸一分，合三绿一白，则为"本"门大吉上。如造财门者，曲尺者四尺三寸八分，合财门吉上。大双扇门宽五尺六寸六分，合两白义，又在吉上合时。今时匠人则开门四尺二寸，乃为二黑，班尺合"财"，又在吉上。五尺六寸六分者，则在吉上，二分加六分正在吉中佳也，皆依此法，百无一失，则为良匠也。实际上鲁班尺度计量单位或者说是建筑所有计量单位都是依照宇宙自然法则来构建的，其中一、三、五、九都符合自然数，这是许多人不理解中国传统建筑文化，或对中国传统建筑文化理解不透的主要原因。

使用的尺寸数据大概是 3.5~4.3 米。侗族度量制仍然沿用老式度量制丈、尺、寸合成的吉利数据。侗族村民说，"屋高逢八，万载发达""进深逢八，正好安家，开间逢八，阳光满家"。侗族人认为，住宅门窗、火炉和楼梯等物的制作，要尽量套上六的尺寸。侗族村民们说，"门开逢六，吃穿不愁""格子（窗格子）逢六，间断鬼路""火炉崽逢六，明火燃千秋""楼梯逢六，挑谷上楼"。这些都是以"八"和"六"为吉祥数，就是"逢八则发，逢六必转"，六即顺利的意思，所谓"顺"，就是"六六大顺"，顺其自然，顺其自然规律，适应自然规律，这是侗族人对数与自然关系的理解。其实在苗族民居建筑中也有极类似的规定：一丈（1 丈 $=\frac{10}{3}$ 米，全书同）一尺六寸、一丈九尺八寸、一丈二尺八寸；高度数据大致是在 5.3~7.3 米这个范围，使用的同样是丈、尺、寸合成的吉利数字。比如说一丈五尺八寸、一丈六尺八寸、一丈七尺八寸、一丈八尺八寸、一丈九尺八寸、二丈零八寸、二丈一尺八寸。开间的宽度与房屋高度的确定，这些都是木工师傅参照中国古代建筑尺寸来制定的。① 实际上，当地建筑结构的尺寸形制完全受汉文化的影响。

侗族民居建筑、苗族民居建筑和汉族民居建筑，在尺寸形制上都有类似

---

① 麻勇斌：《贵州苗族——建筑文化活体的解析》，贵州人民出版社，2005，第 139 页。

的单位——丈、尺、寸，以八和六为吉祥数。笔者从阳烂村生态建筑学田野调查中发现，侗族民居建筑形制立柱都是以三、五、七、九四个单数为吉祥数。现代阳烂村民居建筑绝大部分采用不同形式的全木质结构，这种全木结构的民居建筑多采用六柱四扇瓜凿榫穿斗立架，再根据房屋的大小分为三柱三间、五柱三间、七柱三间、九柱三间或五柱五间、七柱五间和九柱五间；苗族地区民居建筑也有类似的建筑形制，三柱四瓜、五柱三瓜、五柱五瓜、七柱七瓜和九柱十一瓜。

　　侗族干栏民居吊脚楼形制主要是以穿斗架构式和抬梁架构式为主。实际上，中国传统建筑结构都是由这两种架构式演变而来，它与房屋开间的大小和尺寸有关。按照现代建筑度量衡标准，侗族地区一般还是使用传统的丈、尺、寸为度量标准，并且在固定的房屋形制上，尺寸最好要合上吉利数。除了传统的一、三、五、七、九等数字，一般柱、梁、枋、桁、檩等尺寸最好也要合上"八"这个数，门、窗、楼梯等尺寸最好要合上"六"这个数。侗族乡民对"六"这个数的解释，是受汉文化的影响。同样，侗族人认为时空方位应该是一个六维结构，即上、下、左、右、前、后的六维时空。有许多学者认为时空是四维的或者是五维的，这可能只是一个在平面上描述的四维时空。所谓五维时空，是指在四维的中点加上中轴坐标线连接的时间维度，形成五维时空。这种对平面理解的时空观，实际上还是一种西方机械惯性时空观。从生态建筑宇宙观来理解时空的话，时空应该是六维的，即指前、后、上、下、左、右组成的六维时空，这个六维时空才是立体时空，只有六维时空运动才接近圆周率的运动。那么，"八"这个数是指在六维中点加上中轴坐标线的连接，再加上时间运动的维度形成八维时空，这就是中国传统观点认为的八卦方位图。关于对"六"和"八"两个吉利数的理解，侗族人和汉族人的理解是相同的。当然我们认为侗族是受汉文化的影响；也可以说是民族文化的一种融合形式，是在干栏民居建筑形制上的具体体现。

　　阳烂村干栏吊脚楼房屋高为 4.1~4.5 米，同样是按照市尺形制合成的丈、尺、寸吉利数。如房屋高度一般表述为一丈五尺八寸、一丈六尺八寸、一丈七尺八寸，以此类推。房屋进深为 5.6~8.6 米，房屋开间是在 3.5~4.3 米，房屋高度和开间的确立，木匠师傅是参照传统中国建筑营造法技术规范来设计的。房屋间架结构形制是根据几柱几瓜的穿斗式和抬梁式间架结构规

聚落住屋有「讲究」

律来进行建造的。这种榫卯结构的构件运用了受力与受力传递、转移与分散的技巧，都是来自鲁班营造法的规定。如何确定柱、梁、枋、桁、檩的数量，侗族人有自己明确的建筑观念、逻辑思维方式，这种建筑观念主要是来自对原始巢居的记忆，即所有房屋采用干栏吊脚楼形制，没有中柱的干栏建筑应该不能称为"干栏民居建筑"或"干栏吊脚楼"，而且柱头的数量一般采用三、五、七、九四个单数，这是侗族地区最重要、最普遍、最常见的一种原始建筑类型。

从干栏建筑样本来看，阳烂村干栏建筑形制一般是六柱三排三层三间，也有五柱四排三层三间的。从瓜或瓜筒的数量来观察，侗族建筑形制又有另外一种形制规则，即三柱四瓜，今天这种简陋狭小的房子在阳烂村已很难见到。大都是五柱三瓜、五柱四瓜、五柱五瓜、五柱七瓜、七柱七瓜，或九柱十一瓜的大房子。当然也还有一种更简陋的三柱无瓜的茅草房，现在这种三柱无瓜的茅草屋一般没人住了。从侗族房屋建筑的整个形制结构来看，民居建筑一般为三五层。侗族鼓楼建筑是一种标志性的公共建筑，多立于侗族村寨的中央，为木质结构，呈宝塔形，矮的有十几米高，高的则有 30~40 米，都是采用三、五、七、九、十一和十三层，最高塔楼有十五层，这种形制完全是受鲁班营造法形制的影响。我们常说侗族建筑是受汉族建筑文化的影响，这并没有贬低侗族人的聪明智慧，从某种意义上说明了民族文化融合的趋势。

从阳烂村侗族民居建筑测量的柱、梁、枋、桁、檩、瓜枋、门、窗和楼梯的数据中可以推断其建筑形制具有如下三个特征：首先，尺寸几乎全合吉利数，不用推算，可以直接取用，也不用尺白或少用尺白；其次，吉利数只用一、五、六、八，一般不用或少用九这个奇数；再次，开间尺寸与柱高尺寸房屋本身有一定的比例关系。

在建筑行业中，最常用的工具有直尺、曲尺和竹笔(俗称"丈竿")。木工师傅在竹竿上做了许多记号，这是用来量尺寸的。这些尺寸是根据鲁班尺制定的，木工师傅称之为"老尺""鲁班尺"。鲁班尺要比现代公尺长 5 厘米多，比如说房高一丈八尺八寸五，折合成现代公尺，是一丈九尺八寸。过去阳烂村民居建筑高一丈七尺八寸、一丈八尺八寸，其房屋进深为两丈宽，下层内空高为七尺八寸，上层空高为五尺八寸。现在阳烂村房屋高为二丈一尺八寸，进深为两丈八尺八寸，下层为八尺八寸高，上层为六尺八寸高。

　　阳烂村中几乎每一个成年男子都不同程度地掌握一些简单的建筑技术，他们也都参加过建筑的立架活动。绝大多数村民家里都有斧子、锯子、凿子、刨子、墨斗、曲尺等木工工具。侗族地区每一个较大的寨子都有一两个能够设计大型建筑的能工巧匠。匠师在设计大型建筑时，常用一种叫"匠竿"的度尺。匠竿由一片毛竹或楠竹简单制作而成，其长度相当于房屋中柱的长度。刮去青皮，再用曲尺、竹笔和凿刀把一座房屋的柱、梁、枋、桁、栋、檩、瓜等的尺寸全都刻在上面，使用起来得心应手。

　　柱、梁、枋、桁、栋、檩、瓜、枡和枰等的尺寸，即便是各种不同的基准单位，匠师们在建造一座房子之前，也要根据主人的意思先对地基做一番测量，一座房子完整的图形就在他的脑海里形成了。然后就可以把整座房子的大小尺寸全都刻画在匠竿上，便可以选料加工了。一栋民居吊脚楼建筑要五六个木匠师傅做上十来天才可以完工，到架屋的那天全村人都来帮忙，村民们在木匠师傅的指挥下，不到几个时辰就可以把一座房屋架好。侗族人建造一座房子从来不用一颗铁钉，用的全是竹签和木栓。侗族干栏民居建筑是自然生态环境演变过程中的历史产物，它与自然仿生学有着极为密切的联系。

　　在阳烂村里有许多木匠和篾匠，他们都是竹木加工的能手。这些匠人不论制作什么生产生活用具，都是不用一钉一铆的，也不用黏结剂之类的东西。他们所用的全都是竹签和木栓。无论制作什么形状的工具，无论是方形的还是圆形的；无论工序是简单的还是复杂的，如简单的锄头把、刀把等农具的制作，或复杂的建筑技术如干栏吊脚楼民居建筑，甚至是十几层的鼓楼建筑或者是横跨几十米甚至上百米长的福桥，他们从不用设计图纸，而是用半边竹竿绘制宏图。在侗族地区，所有大大小小的建筑和生产工具都是由侗族民间工匠制作而成。村民们称这类工匠为"木匠"，侗族人也称之为"梓匠"。

　　侗族木匠师傅大多数都不认识汉字，但是他们都有良好的工艺和道德品质。平时他们都不脱离农业生产劳动。侗族干栏民居建筑形制必须通过度量尺寸来表现出建筑的内部空间结构和外部形态，这种内部空间结构和外部形态与其自然生态环境是完全相适应的，这种对自然生态环境的适应是来自对宇宙自然法则的深刻理解。

（四）营造民居有讲究

　　每年修造民居都需要请木工，其中有一类师傅叫"掌墨师"（以下简称"墨师"），他们不用绘制图纸，全在脑海里构思。他们就凭一把角尺、一根竹片笔，先将一根楠竹破边刮皮，制成称为"丈竿"的尺码竿，在上面画上尺寸，用来做柱子的枋眼。凿眼之后，又用竹子制成形如筷子一般的小尺，称为"签"，用以计量每个榫眼的宽窄尺寸。然后依此法制作每一块枋，竖后，枋榫穿柱，衔接无间隙，稳而大方，百年不斜，实为工艺精湛。

　　房屋的建造大概包括砍树、发墨、发桎、立柱、砍宝梁、上梁、开大门等程序。

　　砍树：物色好木材后，由年龄大点的男女亲友带香烛纸钱到山上祭祀山神，并象征性地动斧砍树，之后便可大砍。

　　发墨：木材晒干后，由墨师在选好的中柱料上画上尺寸标志，然后开始整制构件。有些地方选定中柱后，即将之悬挂在人迹罕至的地方，待发墨时才解取下来，以保持其"圣洁"。

　　发桎：构件整制结束，凌晨由墨师用香烛纸钱、酒肉和红公鸡祭田地，请鲁班诸神用餐，用桎在中柱上敲击几下，接着动手排扇。

　　立柱：排扇结束，在规定时辰（凌晨）由墨师杀公鸡祭天地后，将靠在脚手架处的撒花姑娘的房扇竖立并穿枋串联。

　　砍宝梁：在立柱的同时，在主人家的客人中请两名子女齐全者到规定方向的山林中砍伐梁木。梁木要求是一蔸上长有两棵以上的优质杉树，烧香化纸祭天地后，立即砍倒抬回。

　　上梁：在规定时辰，先在加工好的"宝梁"上书写"人财两发，富贵双全"，在正中处凿一小洞，放进碎金、银或金属币，笔墨（未用过的），谷穗等物，用红布包好后钉好，再由墨师宰公鸡，用鸡血涂在宝梁上和房柱上，口中念念有词。涂毕，等候在房架上的亲友纷纷引燃鞭炮，鞭炮齐鸣。鞭炮声中，房架上的两名砍"宝梁"者将"宝梁"徐徐上拽，安装好。墨师脚着主人备办的新鞋，吟唱《上梁词》攀上房顶。唱毕，拽梁者便喝酒猜拳，高声喊"人财两发"之类的贺词，接着向下及四周抛撒"宝梁"粑（以前多为糯米粑，现在也有饼干、糖果）。撒完"宝梁"粑，上梁结束。

开大门：新房装修完毕，有的人家为使房屋庄重，在走廊与堂屋连接处安设大门。门安装好，众亲友均来庆贺。规定的开门吉时一到，便把大门关上，在外边用红纸书"开门大吉"等字将两扇门封贴，之后由一人在外边高喊开门，里边人问他系何人，来干什么，其人则答"我是天上财神爷，是来送富送贵的"。答毕，众亲友齐声附贺，鞭炮齐鸣，大门敞开。

进新屋：新屋装修好后，在择定的吉日清晨，在至亲中请一位有儿有女有孙的男长者先到火塘中生火，下午便设宴接待贺客。

乡间百姓崇拜自然神灵即山石、土地、树木，一种最流行的说法就是不能在"太岁头上动土"。大家也许都知道在"太岁头上动土，那是凶多吉少"。为了避免在太岁头上动土，那么在修建房屋时，就要择日定时，忌冲太岁。有人问太岁是谁？它如此神秘而又有如此能耐。太岁就是一颗木星，旧时认为太岁运行的方位与动土有很大关系。这对于有过巢居经验的老百姓来说，建房造屋看日子是一件非常重要的事情。

择日定时举行动土仪式，也就是要祭拜土地神灵。土是不能随便动的，侗族、汉族及其他民族动土都是很有讲究的。动土为什么有这么多讲究？在中国人看来，土地是富饶之地，是我们赖以生存的家园，故有"大地母亲"之称。土地不仅滋养了万物生灵，而且还养育了人类。土地是伟大的，也是神秘的。

然而，在有些人看来，只要有房子修，天天是好日子，或者说只要有钱赚，天天都是好日子。那对侗族人来说，选个好日子比赚钱更重要，因为是否选好日子关系到主人日后顺不顺利，安不安全，甚至对未来的发展或一生的命运都会产生决定性的影响。日子和时辰对侗族人的行为具有重要的约束作用，这些习惯既是对一个人或一个民族的尊重，也是自己心灵上的安慰，更重要的还是一种文化力量。如果我们说在某一个时辰或某一个地理位置注定会出帝王将相或是才子佳人，或者注定会在某一时刻给你带来至高无上的荣誉，这显然是不现实的。但风俗习惯会告诉你如何避开那些不利的因素或脆弱环节，也许它会提示你遇到不利因素时怎样去防范，在某个脆弱环节上你要更加小心谨慎，使你对那些不吉祥的东西早有心理准备。比如说在挖基脚时就要选择一个"黄道吉日"或是"天保日"，乡民认为在一个月内只有一天是黄道吉日和天保日，建房不能选用破日和闭日。如果是"闭日"和"破日"的

聚落住屋有「讲究」

话，你就要特别小心房屋倒塌事件的发生或在修建房屋时注意生命安全。在这里我们抛开吉日和不吉日来讲，在修房建屋时，人的生命安全是第一位的，若不小心，就会出人命。无论是黄道吉日或天保日，还是闭日或破日，它都会警示主人家和建筑工人要注意生命安全和财产的损失。

乡民在动土、建宅、修缮、搬迁时都要择日定时。在民间动土要择日定时，还要举行一个隆重的动土仪式。从择日定时来看，一般风水理论认为"先天为体，后天为用"。风水先生和泥木工师傅都是套用天干地支来推算的。以二十四山法套用八干四维十二地支。按照二十四山中的十天干排列，并由天干五行属性所决定。所谓二十四山，实际上就是指二十四数，即指八干四维十二地支，共计二十四数，即罗经上所称的"二十四山"，也就是二十四个方位。这二十四个方位与五行、八卦和天干地支会合相冲，从而会显示出吉与凶之差别。"干"是指天干，"维"是指四维，实际上就是指四正卦的山位，即子、午、卯、酉四个字分别代表坎、离、震、兑四卦，又和正北、正南、正东和正西四个方位相应。四维并不影响八卦在其中的运用。二十四山是由八卦的八方扩充为二十四个方位，并用现代方位名词来相配。甲乙为木，甲为阳木，乙为阴木，东方为木，故甲乙排列在东方。甲为阳，居卯之左方；乙为阴，居卯之右方。同理，丙丁排列在午的左右方，庚辛排列在酉的左右方，壬癸排列在子的左右方，戊为阳土，己为阴土，排列在中央土的位置上。

在十二地支中，子、午、卯、酉在八卦的四个正位上，分别代表坎、离、震、兑四个方位。建筑运用年、月、日、时的时间算法，遵循宇宙五行模型理论，将地支模型生命化、人格化或神性化。所谓生命化，是指十二生肖中的虎、牛、龙、马象征勇武和贵重，以羊、猪、鼠来表示生命繁衍和富裕，实际上羊也是吉祥的象征，这样使天干地支模型由一般生物的生命化转向人格化和神性化。风水学认为，在十二生肖中，许多动物与风水有关。如戌时属狗，就以犬为风神，风神具有犬的形象特征；在巳时属蛇，蛇被奉为水神，百姓信仰龙神和蛇神，是因为蛇神和龙神能屈伸腾飞，认为龙蛇潜则风平浪静，出则兴云布雨，且这一崇拜有着悠久的历史渊源；午时的马、丑时的牛和亥时的猪都是属于水神一类，马、牛、猪成为水神都是与龙有关。猪与水也有着极为密切的关系，如神话传说中的水神河伯的形象为猪。猪作为水神，能给人类带来风调雨顺和五谷丰登。

风水学认为，从阴阳八卦模型分析来看，地支生命模型是由坎位开始的，依顺时针方向排列。再根据十二个月来确定方位，由寅时开始，寅卯辰在东方，巳午未在南方，申酉戌在西方，亥子丑在北方，这样就形成了十二地支的对冲关系。同时在二十四山地支图上，对冲有六个组合，即"子午相冲""卯酉相冲""辰戌相冲""丑未相冲""寅申相冲"和"巳亥相冲"，与八卦相对应，就是"鼠马相冲""兔鸡相冲""龙狗相冲""牛羊相冲""虎猴相冲"和"蛇猪相冲"。这种择日定时方法并不一定会对人类未来发展预言出什么结果，但是这种多维的思维方式为人类提供了一种特殊的思维方法论，这是毋庸置疑的。

对村民来说，房屋不仅仅是用于遮风挡雨，隔湿避瘴，或者是满足于人的舒适享受，它更多的是涉及房屋主人的安全和健康，更重要的是关系到主人子孙后代人丁兴旺、香火世代相续的愿望能否实现，所以风水理论认为在选择房屋地基、方位和朝向时是非常有讲究的。这种严肃认真的择日定时，从某种意义上来说，是人类的一种自我保护，是遵守一定的自然法则和生存法则。相反，那些胆大妄为，不知天有多高、地有多厚的人四处动土，乱砍乱挖，将会给人类造成无限灾难。

村民修建新屋前，要请风水先生择定"吉日良辰"，侗族人所讲的"吉日"，就是能动工兴土木的好时辰。这种吉日吉时是很难选择的，风水先生需要运用一种奇门遁甲占卜术即六壬盘或者是太一九宫占盘两种方法。六壬盘由上、下两个盘构成。上盘为圆形，象征天，称之为"天盘"，天盘可依中轴旋转；下盘为方形，象征地，称之为"地盘"。六壬盘在古代社会广泛应用于社会生活中各方面的时辰和方位确定，以此来占验吉凶。其用法是先要固定地盘，来校验所推之日。上盘的神将下盘的干支关系，并以六十甲子中的壬申、壬午、壬辰、壬寅、壬子、壬戌为六壬，由此可以推演出六壬式中的四课和三传，最后以此来判定吉凶，即确定吉凶的时辰和方向。总之，运用以上方法，都说明民间的住屋建筑要与自然生态环境相适应。

聚落住屋有「讲究」

（五）家屋有对联

民间都有在房屋门柱上贴对联的习惯，对联有春联、婚联、建房联、丧联等。凡遇到喜庆的事，对联一律用大红纸；丧事用白对联；过年时服丧人家用绿对联。每一种对联的内容不同，可以从对联的底纸颜色和内容看出主人家所办何事。

春联必须用大红纸写，大多数喜欢传统的红纸黑字，红与黑都要颜色鲜亮，形成强烈对比，醒目显眼。横幅一般是"大地回春""吉祥如意""出入平安""万事如意""大吉大利"等，内容各异，但都必须是描述吉祥、幸福、美满、和气、人丁两旺等好气象的词语。春联内容多样，以主人的喜好为主。现在大多数人家都直接从市场购买对联，字体黑色、黄色都有，少数人家请人代写或自己写。

房屋中不同的地方，对联的内容也不一样。大门或者堂屋门一般是"出入平安"之类，整个对联要包含家人几乎所有的美好愿景，最大气、最漂亮。其他门的对联可以稍微随意一些，可以赞美梅花、赞扬春色、倡导节俭等，内容繁多（图8-1、图8-2）。

图8-1　天星村民居堂屋门春节对联

春节时不仅门上要贴对联，灶边、谷仓、猪圈等处也要贴对联。灶边是"细水长流"或"勤俭节约"，谷仓是"五谷丰登"或"五谷丰收"，猪圈是"六畜兴旺"。

天星村村民说："对联很有讲究。过年和逢喜事都要贴对联，一定要是红的，红红火火。有对联代表全家精神好，挂红的全家都开心，哪怕吃酸菜都是开心的。"对联有振奋人心之功效。

婚联是结婚时的对联，结婚过礼当天现写。

图8-2　天星村民居
大门春节对联

天星村的嫁娶对联一般是男方写，女方出嫁娘家中只贴大红的囍字；男方家不仅要贴囍字，还要写大红的对联，内容是祝福新人"百年好合""早生贵子"之类的吉祥语(图8-3，图8-4)，堂屋一个大大的合体字(图8-5)。

图8-3　天星村民居堂屋大门婚联

图8-4　天星民居新房婚联

图 8-5　嫁娶时男方堂屋挂联

新屋建成请亲朋好友喝喜酒时也要写对联，用红纸黑墨写，请人在办喜酒的第一天写—— 一般看日子的风水师傅都会写毛笔字。内容多是赞扬住宅是"风水宝地"，家中"文武双全"之类的吉祥话。

丧联是办白事时与白事后的孝服人家所贴。办白事的那三天是白色对联，由道师现写。逝者不分年龄大小，上山那天棺木抬出门出殡后必须马上撕掉丧联。过年时那家人就不贴红对联了，贴绿色的。从当年算起要连续贴三年，内容多半是表示对亲人的挂念。

聚落的"脏"与"洁"

◇　苗寨的"脏"

◇　苗寨的"洁"

◇　八卦、镜子可辟邪

◇　进入侗寨要"拦门"

◇　打醮驱邪把寨扫

"洁净"与"肮脏"两个对立概念形成的术语体系在提供分类标准与原则的同时，也为区分不同社会群体提供了观念指导与实践准则，构建了族群、阶层、社会和文化边界。玛丽·道格拉斯的研究赋予洁净与肮脏全新的社会内涵，成为社会秩序建构与社会群体边界划分的重要参照。首先，以"洁净"与"肮脏"作为价值和象征的观念体系构建了族群、阶层、社会和文化边界，而且关于洁净与肮脏的术语体系，不同的民族和文化有着不同的划分标准，标准的产生、变化和存在也与民族所处的自然环境和文化语境密切相关。社会边界是人们主观建构的，这种建构既可通过服饰、饮食、语言等物质形态表现出共享的象征符号，也有情感和主观认同上的身份判断。这种社会分类通过社会认知系统和自我类别化运作，并通过仪式操作，进一步内化这种群体符号边界，从而实现群体符号边界的再生产。其次，这种社会分类通过仪式叙事逻辑、话语系统和符号指称进一步强化，并通过社会建构和认知体系，达成群体符号边界的"内固"和"强化"。

（一）苗寨的"脏"

苗民认为，房屋里的脏东西分为两大类：一类是看得见的实体，如生活垃圾；另一类是无形的，泛指一切不好的东西，如"鬼"。

通常认为家禽牲畜的粪便是脏东西，但是大家并不会因此讨厌这些动物。只要管理好它们，这些粪便并不会影响家中的清洁。如燕子搭窝在堂屋会拉粪便，但村民不会赶走燕子，会拿个盆或铲子之类的放上灰接住燕子粪便，并定期处理掉。家禽是放养的，村民会把它们赶到屋外去活动，使其少在家中拉粪便。村民能够接受家禽在坪院里拉粪便，但不能接受其拉到堂屋或者房间里。牲畜一般都关在圈里，它们的粪便是最好的农家肥。

生活垃圾更好处理，容易发臭的东西一般会立即处理掉，而且还要主动丢到远离寨子的地方。如哪家猪发瘟死了，必须主动丢到极少有人去的山洞或者废弃的"告安"（方言音译，指从地面垂直下挖约四米的深坑，用于冬天放红薯之类）里，一是不让瘟病传染给其他人家的猪，二是不让臭气影响大家的居住。

蛇等不受欢迎的东西也称为"脏东西"，会弄脏房屋。一旦被这些东西弄脏，就要彻底清扫。

无形的脏东西是天星村中经常提及的。如果哪家无论做什么事都一直不顺利，一般会请个风水师傅到家中来看是否沾染了什么脏东西，请师傅来帮忙清理掉，还家中平安吉祥。另外，办白事第三天(通常为三天，也有看日子多于三天的)，即逝者棺木抬出屋后，要立即请人打扫，把白事所用的所有东西统统清理掉。如出殡后原来写的对联、制作的花圈等都是脏东西，不能让它们再留在家里，要马上扫出屋并烧掉。打扫后，还要请道师作法，"把停留在屋里的鬼魂等清扫出屋"。

女儿出嫁后回娘家不能与女婿同床。女儿是家中的一员，也是家中的宝贝，村中有句俗话——"做一年女做一年官"。意思是说在家中做女像做官一样贵气舒服；可一旦出嫁，就被认为是"嫁出去的女儿泼出去的水"。回娘家即是做客，大家见某家女儿回娘家要热情地与她打招呼："希行(hang)!"老祖宗传下来的规矩，晚上留宿女儿是千万不能与女婿同床睡觉的，否则会对娘家的舅老(方言 qiu lao 的音译)不利。

在娘家坐月子不能住正屋，不能从大门进出。天星村女儿外嫁的比较多，因方便照顾，有些女儿会在娘家坐月子。允许女儿在娘家坐月子，但"绝对不能住正屋，只能住在正屋的偏房，进出门也不能从大门走，否则会对家中舅老不利"。

如村中杨某的女儿嫁外地，因女婿工作原因不能照顾月子中的母女，于是留女儿在家中坐月子。杨某家的厨房建在正屋左手边，是一间二十几平方米的小瓦房，打灶后剩下的面积不多，刚好够铺一张床。9 月份，天气还比较热，杨某对女儿说委屈她了，因老祖宗传下来的规矩不能坏；不是看不起女儿，而是如果安排她们母女住了正屋，"对自己的儿子和儿媳不利"。说明情况后，亲家从湖北来看望时也能理解。

年关不能在屋里说脏话及做不吉利的事。对于天星村村民来讲，并不是大年三十才算过年。年前两个月差不多就进入过年状态了，忙着准备过年用的各种物品和菜肴；年猪杀得早的，冬月末就杀了。腊月里更忙，做粑汤面灌香肠，家家户户都累并快乐着。过年是幸福和吉祥的象征，在家中说脏话要被长辈打嘴巴，意味着侮辱了过年。"家中的神灵也不喜欢小孩子说脏话，是不礼貌的表现"。不吉利的事也不能在家中提起，会影响过年喜庆的氛围。

不好的事情不喜欢被提起。曾经发生过的不好的事情哪怕现在变好了，村民也不怎么喜欢被人提起。在屋里讨论不好的事情，如讨论死人、车祸、病等之类的事情，也不招人喜欢。与死人有关的事不喜欢被提起。做居处访谈时，笔者问及陈某对联的相关事宜，谈完春联后，陈某提到不用红纸而用绿纸做底的情况，陈某的爱人付某轻轻踢了陈某一脚，暗示不用说这件事。因丧户过年时的对联是用绿纸做底的，丧事属于不好的事情。

不喜欢被人提及儿女小时候生病的事。不喜欢再提这些不好的事情，是因为现在大家都过得好了，以前的事不想提太多。笔者当时采访时也就没有强行再问。

俗话说"猪来穷"，天星村村民普遍不喜欢猪到家里来，一般猪进门了都会被赶走；不会主动去喂一时找不到主人的猪，除非知道是亲戚家的或关系好的邻里的；喂了后也会马上去告知主人家把猪赶回去。

村中流行"猫叫丧"的说法，猫是不受欢迎的动物，认为猫进门了家里就要死人，所以村民绝对不会收留来到家中的猫。

当地村民认为妖怪会变成猫的模样哭。从黄合化眉村到茶田镇的路上，埋了许多非正常死亡的人，晚上很少有人敢从那段路走，迷信的人传言总是会听到不好的声音。木里塘的意亲师傅胆子大，敢在夜里从那段路赶马。村民说："以前意亲公每次走到化眉村上坡的桥边都会听到什么在叫。有一次他说：'别急，等我休息休息慢慢来，抽支烟，看到底是什么在那里作祟。'他胆子很大，走过去看，原来是只猫用两只前脚抱着脸在哭。一般的人肯定是不敢去看的。他赶马总要走夜路，胆子大。""看到的是猫，发出的叫声却是别的动物的，那些妖怪变成了猫。"

家是温暖的，村民不喜欢冰冷的东西进屋，蛇就是其中之一。凉性的动物不受天星村村民欢迎。如果是无毒的蛇爬到屋里，有些人家认为是家蛇，它会帮助家里除去老鼠，对家中有益；有些人家虽不会把它打死，但仍然要想尽一切办法把它赶走，不能让它停留在家中。如果是毒蛇的话则完全不同。虽然一般情况下毒蛇不会爬进家里去，最多到屋旁边或者坪院里，但是只要被看到，必须将其打死，免得它伤害到人或者家禽牲畜。五月初五端午时节，天星村有些人家会磨上雄黄，把大蒜捣成泥，配成雄黄酒，洒在门前屋后以及屋中的各个位置，包括床脚下、茅厕等各个角落。端午是在春天与夏天的中间，天气开始变得闷热，蛇在户外活动频繁，村民认为洒上这些，蛇就不敢进到家里来，从而保证家人安全。另外，还会把这些雄黄酒和大蒜涂抹到手臂和腿上，认为走到户外也不会被蛇虫侵扰。

在民间相传草鬼婆会带毒蛇进门。村民杨某生病了，一直在家静养。一天村中一位八十多岁的老妇人去他家坐了坐，在村里很多人都不喜欢这位老妇人，认为她是草鬼婆，专做坏事害人，用别人的痛苦换她的健康。杨某看到她进屋很不高兴，但因有点亲戚关系不好赶她走，于是帮她搬了凳子坐。坐了一会儿，她就走了。杨某病情后来严重了些，一直认为是那个草鬼婆带来的毒蛇害了他。其实这个婆婆是被冤枉的，但有这想法的人在当地仍很多。

很多人都喜欢在门前屋后种花花草草、果树等来装饰房屋。种花花草草多用于美化环境，一般选择无毒、对身体没有伤害、叶片或者花朵有观赏价值的植物，也种一些可能有微小伤害但有药用价值的植物，如仙人掌之类。有些植物既可以观赏，还能防虫害、作药用，如凤仙花。

当地除了种花花草草，还喜欢种桂花、桃子、李子、琵琶、核桃、石榴等树木和竹子。种果树是为了方便采摘果子吃，果子成熟时随时可以采摘。种竹子是为了用起来方便，家中很多用具，如箩筐、簸箕、撮箕等都是竹制品，自家栽种，需要时砍了请人编，至少不需要另买竹子，节约了成本。竹笋还可以吃，不过一般大的笋子是舍不得吃的，都留着长成竹子。家里的长辈常常喜欢指着那些竹子教育儿孙做人要像竹子一样节节高。屋前屋后栽种果木、竹子既有观赏价值，又有实用价值，还有教育寓意。

总的原则，栽种的植物是不能对人有伤害的。像漆树、杉树等虽然有使用价值但是不被栽在门前屋后。另外还有一原则，栽种的植物不能影响家中的运气。

（二）苗寨的"洁"

在湘西苗寨，除了实体脏东西都要及时清理，保持家中清洁，与无形的脏对应，也有无形的洁。如当地人认为家中存在的神灵都是保佑家人的，可以清除对家人不利的妖魔鬼怪。如果一旦有风水师傅说家中不洁，必定马上请师傅作法打扫，保持家中洁净。到处干干净净是村民所追求的理想居住环境。传统的做法是，妇女每天清晨起来做的第一件事就是先要把房屋和坪院打扫一遍，然后再梳头洗脸挑水做饭。小孩子长到七八岁时，一般都会安排做力所能及的家务，最简单最初始的家务就是学扫地。保持家中清洁是最起码的事。当地人认为家中有很多神灵，如自家的祖先、灶王公公、牛栏公公、猪栏公公等，这些神灵是家中常住的保护神，他们可以在特定的场合、特定的时间段保佑房屋主人及全家平安健康。

打扬尘与每天打扫是有区别的。在腊月里，每家每户都要打扬尘，腊月初一、十五、二十三是年边固定打扬尘的日子。新砍来的竹枝捆成一小把，绑在一根长长的竹竿或木棍上，把家中每处都要扫一遍；若是有梁的楼板房，最好把楼上也一起打扫，灰尘与蜘蛛网都要全部扫掉。扫好后，取些竹枝与扫来的扬尘，带上纸钱和香烛，到三岔路口去一并烧掉，即完成了过年打扬尘的程序。平时如果要打扬尘，必须选在下雨天，晴天是不能打扬尘的。

过年打完扬尘，灶王公公上天汇报。每年过年灶王公公都要上天汇报主人家中的干净情况，腊月的初一、十五、二十三是灶王公公上天汇报的日子，所以过年打扬尘要选在这三天内完成。如果主人家没有打扬尘过干净年，那么他家的灶王公公就不好意思上天汇报。村民刘某说："平时我们讲哪家哪家脏死了，没打扬尘就不给上报。"付某说："打完了要送出去。拿点扬尘、纸钱和香烛，还要点刷扬尘的'丢刷'（方言音译，diushua，即竹枝），带这几样一起送到十字路口，给灶王公公送点钱，送点香烛，说'灶王公公您上天啦'。这也是他一年的成绩呢。"

家中的外来物从作用上来分包括好的和不好的两大类，居民家中允许好的外来物进门，不好的外来物绝对要赶出屋外，有些甚至不能靠近家门。从实体上来分，又包括有形和无形的两种，即看得见摸得着的人、猪、狗、蛇等，以及看不见摸不到的神灵及妖魔鬼怪。下面主要按外来物对家中的作用来分类。

好的外来物是指能给主人带来好运的东西，如燕子、蜜蜂、狗以及被风水师傅请进家来"为主人家辟邪驱鬼的神灵"都是好的外来物，受到主人的欢迎与爱戴。

燕子是各家各户都喜欢的迁徙鸟类。居民认为燕子是家鸟,不能打,燕子进屋是好事情。燕子搭窝一般会选择在堂屋或走廊比较亮堂的屋檐下,不会搭在像厨房有油烟或者厕所有臭味不适合居住的地方。即燕子的窝通常都建在通风舒服的位置(图9-1)。

图9-1 天星村民居屋檐下的燕子窝

村民刘某家中有燕子窝,她认为燕子进家是家中兴旺的象征,她本人很喜欢燕子,燕子拉屎脏,但是她宁愿脏也不会把燕子窝捅掉。她认为"燕子不进仇家门"的俗语"是孔老二(即孔子)的说法"(方言,指不可信),不过坚信燕子进门旺家之说。

蜜蜂是天星村居民极喜欢的外来物之一。普通人认为蜜蜂进门是家中兴旺的标志。但是对于只蜇人不采蜜的王拉扎(方言音译,wang la za,指那些专蜇人的毒蜂),有些人家喜欢;有些人家认为会使人受伤,故不喜欢。村民付某家的砖墙里有一窝蜜蜂,这窝蜜蜂已经在她家好几年了,一到采花时节,整个厨房都嗡嗡地全是蜜蜂在飞,偶尔还会有人不小心被蜜蜂蜇到。因其搭窝在墙里,被蜂蜇就算了,还取不到蜂蜜;但是包括主人与经常来玩的邻居,没有一个人嫌弃它们。付某说:"蜂王,蜂王,就要兴旺。"陈某说:"蜂子搭窝时什么都往家里搬,寓意把财喜搬进家。"

引蜜蜂进家门带来好运。几年前村民冶某家有一窝蜜蜂,是她用甜酒引来的。村中一户人家养了好大一窝蜜蜂，一窝蜜蜂只能有一只母蜂王，当蜂王超过一只时，就必然要分家，其中一只蜂王带了一部分蜜蜂在冶某屋前的树上搭窝。她发现后，把家中的一个老衣柜洗干净，放在堂屋的显眼处，并在上面擦了很多甜酒。因甜酒是甜的，香味浓，蜜蜂非常喜爱。几天之后，那只蜂王把家搬到了她家的老衣柜里。家里来了蜜蜂，不仅有蜂蜜吃，也有了过年打糍粑要的蜂蜡，更重要的是带来了好运。

家中来狗，是富裕的象征，村中有"狗来富，猪来穷，猫要进孝户"的俗语。所以狗进门受到大家喜爱。狗走到其他人家中一般都会得到比较好的招待；别人的狗进家门了，一般屋主会拿些好吃的给狗吃，允许它在屋主家里来回走动或趴在坪院里睡觉。以前人被狗咬了，请上个师傅吐点口水到地上搅和，念些咒语，把泥水涂在伤口处即可。现在随着狂犬病流行，被狗咬后必须打疫苗，主人家生怕自家的狗咬了人，村中养狗的人也就慢慢少起来了。

狗进家门受人爱戴，为主人带来财富。有一次某村民在山上放牛，一条小黄狗全身是泥一直蜷缩在她家的母牛旁边。那时正值疯狗流行，各村各寨都在宣传打狗，也不允许村民养狗。付某有些害怕，生怕那条小黄狗是疯狗，于是赶着牛走开了。哪知那条小黄狗也跟了过来，幸好没有伤害母牛和付某。第二天，因要割草，付某又把牛放到附近，前一天的那条小黄狗又出现了。这样连续几天，付某与小黄狗熟悉起来。但她发现，只要有大声响，小黄狗就会吓得直跑。付某猜想它肯定是被打过，侥幸逃脱的。慢慢地，小黄狗跟付某走得越来越近，某次快跟到村口时又闪到一边。付某觉得小黄狗很可怜，放牛时带些饭去给它吃，并叫它回到自己的主人家去。但那狗丝毫没有回主人家的意思，天天在村口等付某经过时就跟着，她回家时又躲进草丛里待着。十多天过去了，付某觉得那黄狗肯定怕回到原来的主家，怕再被打，于是让那狗跟了回家，并取名阿黄。

狗来到家后引起了左邻右舍的一阵骚动，大家都害怕阿黄是条疯狗，猜想着它为什么要离家出走，为什么初见时全身是泥，为什么害怕大的响声……最后得出结论：肯定是被猎枪打了，跑了很远的路才逃出来。不能让它留在村子里，万一咬着人不得了。付某听从大家的建议，又把阿黄赶出家。它虽然离开了付某家，但还是在付某家附近转悠。大家都觉得赶不走饿一段时间自然就会走了。可是几天过去了，阿黄仍然没有走，而且越来越瘦。付某看着可怜，在屋后放了个碗，每天早晚放些剩饭菜。附近的村民从旁边经过，阿黄直摇尾巴，大家再没有赶它了，任其在寨子中走动。有一天政府人员到村里打狗，阿黄吓得躲进付某家旁边堆稻草的屋里，他们找不到狗也没再追下去，毕竟当地没有听说谁被狗咬过。

阿黄就这样成了家里的一员，稻草屋成了狗窝。邻居来玩，阿黄就一个劲地摇尾巴，陌生人来了就叫个不停。它越长越大，温驯起来很可爱，看到陌生人进付某家或者邻居家就张着大口面目狰狞，吓得人直跑。村民都喜欢上了阿黄，觉得它看家看得好，只要有它，邻居家都不怕有强盗了。

一次，有人在村口远远地看到又有人来清理狗，便马上跑到付某家要付某把狗找回来藏好。阿黄很配合大家，乖乖地趴到床下躲过一劫。后面每次遇到危险情况，例如放鞭炮之类的，阿黄都主动趴到床下。

阿黄成了付某家重要的一员，陪他们下地干活，为她家守夜。每次付某家的孩子去上学，它都要等孩子上了车再返回。没出门时看到主人回来便跑上前迎接。阿黄也成了邻居们的朋友，哪家有好骨头都要留给它吃。

村民很欣慰当时收留了阿黄，它给大家带来了安全，也带来了很多欢乐。付某认为自从收留了阿黄，"家里的好多事情都顺当了，家境一年比一年好"，认为狗进家门带来了富裕。

（三）八卦、镜子可辟邪

天星村很多民居的大门或者堂屋门上方都挂有八卦（图 9-2～图 9-5）。在当地，八卦的制定、悬挂都有讲究，也要请专门的师傅看，大多是经亲戚朋友介绍某位师傅如何厉害，请了来的。有些是外地的师傅挂的，也有本村的师傅帮忙挂的。在天星村，人们相信八卦有辟邪和逢凶化吉的作用。因大门是管家中全部事务的，所以八卦一般挂于大门上方。如果没有实体的大门，就挂于堂屋的大门上方。挂八卦的人家多是因为家中有人生病，师傅看了后觉得有必要挂八卦。

有些村民家有在大门上方挂镜子的习俗，当地村民认为，镜子有反射作用，能把不好的东西反射出去。镜子也是要请师傅看好吉日并帮忙挂的，不

图 9-2　挂八卦的民居一

图 9-3　挂八卦的民居二

图 9-4　挂八卦的民居三

图 9-5　挂八卦的民居四

能自己随意挂上去。以前有在堂屋摆放屏镜的习惯，一是寓意家人平安、生活平静，二是可以屏蔽进屋的不好的东西。因现在市面上几乎没有屏镜售卖，被梳妆镜等取代，所以放屏镜的习俗慢慢消失，偶尔还有些人家能找到屏镜。

（四）进入侗寨要"拦门"

传统侗寨都有寨门，寨门的功能，对于居住在山地丛林之中的侗民来说，具有安全防范作用。因而，进入某一侗寨时，会有拦门的习俗。当然，"阻拦""阻止""遮拦"在侗族有另外一种解释。侗族村民在农忙未到或农闲时，就开展一些事前已做好充分准备的家族或家族村寨与其他村寨之间的唱歌比赛，即"送约"到某寨，约定什么时候进行集体访问。一般情况下，送约和接约的家族或宗族与村寨的传统竞赛有关。

一到约定时期，接约的村寨就要设置路障，村民们称之为"拦路"或"拦门"。把守"拦路"或"拦门"的人必须挑选漂亮而且能说会道的女孩或妇女或长得英俊潇洒的能说能唱的后生，有了他们（她们），就可以在拦路上以聪明才智与对方竞争，一比高低。对方来到村寨边，把守寨门的村民就要高唱"拦门歌"，设置障碍，提出各种理由，不让对方进寨。对方也要千方百计地应答，双方一问一答、一盘一应，有时候难分高下，竞争十分激烈。

特别是通过拦门、拦路准许对方进寨以后，双方要在芦笙坪比试吹芦笙、跳芦笙舞、互相唱哆耶对歌，并且各派代表登台背诵款词及侗族史诗等。村民们为了显示本村人的富有，还要杀鸡宰鸭，举行盛宴招待，要让对方酒足饭饱，有吃有剩，要让对方一醉方休。村民们为了显示自己热情大方、殷实富有，还要把客人请到自己家里，并且把家里最珍贵的食物拿来给客人吃。同时，女人要佩戴各种银饰，穿最好的衣服。即便是最贫穷的人家，也要向家族成员借来穿戴一次，要在对方面前展示一番。

总之，要想方设法来战胜对方，这不仅能给个人带来名誉，更重要的是给整个家族争到荣誉，使本家族的地位在频繁的竞赛中不断上升。到来年"还也（回礼）"时，对方无法比试，以此压倒对方。这样经过几天的比试之后，在和谐友好的气氛之中，主寨吹笙鸣炮送客出寨。那么整个"拦门""拦路"、赛芦笙和跳芦笙舞具有争荣誉大狂欢的色彩。

客人来访，常常在寨门设歌卡、唱拦路歌以表示欢迎。拦路歌常以祭寨祭祖为由向客人盘问，歌词有"为保全寨得安宁，莫怪我们来拦路"。村民们还在村寨四周设栅栏，村民称之为"更采"，意思就是团寨。即在村寨周围插上木桩，缠绕刺藤，筑起一道难以逾越的栅栏。在侗族中，还作为"村寨前沿防线"。这种设施也只是特定历史时期的产物，或者是在特定的历史时期发挥作用，平常只是一种村寨安全的象征。我们从语源学和语义学考察"侗"的原意，就是"干栏"的意思。侗族被称为"遮掩之人""拦阻之人"或"隐匿之人"，是指原始侗族土著居民身着树皮，用稻草遮掩身体，说明侗族先民曾经经历过居住洞穴，并以树皮稻草掩体的原始生活。后来从洞穴、巢居到建村立寨，"八斗六楣"的"干栏"建筑，而且形成了进村入寨拦路、拦门的文化习俗。在这里我们不只是对侗族干栏建筑概念的理解，更重要的是能理解到侗族历史演变和侗族社会历史文化的起源及演变过程。

侗族素有拦路习俗，是以寨门为边界，通过拦路来说明人与人之间的"内外之别"，人与神、鬼之间的"生死之分"，又通过这一仪式来达到"抗拒与接纳"的目的。而这种礼俗又分为两种类型：一是村寨与村寨之间过节时的"串门"，这种类型的拦路是以对歌为主，目的只是好玩；二是对政府领导、外来游客的拦路，只唱欢迎的大歌，表示对来客的尊敬。

一些研究者称侗寨的拦门习俗分为"拦门"和"拦路"两种，即在寨门口迎客就叫"拦门"，在路边拦才叫"拦路"。笔者于 2018 年 5 月对黔东南苗族侗族自治州从江县占里村进行田野调查，这一说法得以澄清。占里村只有"拦路"的说法，没有"拦门"一说，只是拦路的地点不同而已。

人类学家特纳在研究仪式的象征意义时指出，"人们在不运用技术程序，而求助于对神秘物质或神秘力量的信仰的场合时的规定性正式行为。象征符号与人们的社会行为之间具有紧密的联系"。在特纳看来，"象征符号是仪式的最小组成单位，仪式对人们社会生活所产生的影响，全部通过仪式中的象征符号体现出来"①。而拦路就是寨门文化的一个象征符号，在特定的场合，通过拦路来拉近村寨与外界人的距离，来保障村寨安全有序运行。

首先，村寨之间的"做客"拦路。占里村进行拦路的人员队伍主要是寨子里不同年龄阶段的女性，小到四五岁，大到四十岁。当小学生和初中生放假时，寨子里来贵客都是以学生为主的拦路队伍，由歌师带领。中年男性主要是负责乐器伴奏，吹大小芦笙，打鼓，打镲，弹牛腿琴和侗琵琶。拦路位置

聚落的「脏」与「洁」

---

① 维克多·特纳：《象征之林》，赵玉燕、欧阳敏、徐洪峰译，商务印书馆，2006，第 20 页。

的选择都是依具体情况而定，有时在寨门处，有时在客人进寨的不同路口。以前拦路时用的主要障碍物是一些农具和纺纱工具等，现在只是简单地用麻绳或者稻草上打上草标进行拦截。主客双方对拦路歌，客人来到寨边，主方姑娘即以物拦路唱歌，故意"刁难"，不许对方进寨。客寨青年则以开路歌对答。路口障碍拆除，主客双方才一起进寨。拦路歌多为一领众和，女声兼有二声部合唱。歌词有传统的，也有即兴之作。① 拦路歌的大意都是一些问明身份的对唱，而现今的拦路内容与以前的相比简化很多。如以前附近的村寨过年过节要在寨门口对唱至少两三个小时，不过会让小孩和老人先进寨里休息；如果对方不甘拜下风，还会进行到半夜，只有点头认输才会允许进寨，除非硬着脸皮进寨。

而笔者有幸参与了一次这种类型的拦路。笔者于 2016 年农历八月初一第三次到占里村时，由于过盟誓节，下寨村民邀请邻村的寨民过来做客，并在路口处进行了拦路（图 9-6、图 9-7）。这种节日的拦路歌形式多样，由主方女性和客方男性对唱，唱词多为"故意刁难"，如：

图 9-6　占里村盟誓节拦路歌对唱现场

① 从江县地方志编纂委员会编：《从江县志》，贵州人民出版社，1999，第 113 页。

图 9-7　占里村盟誓节饭后在小鼓楼处对歌

（一）主寨姑娘唱：　　　　　　　　客寨罗汉答：

昨天我们才谢土，　　　　　　　你们谢土我也进，

今天我们刚忌寨。　　　　　　　你们忌寨我也来。

谢土忌寨要三天，　　　　　　　我们个个福气大，

三天过后你再来。　　　　　　　能驱妖魔能消灾。

（二）（主）我们正忌寨，昨夜寨里下猪崽；

　　　　　刚下猪崽生人不能进，今天回去明天再转来。

　　（客）你们莫忌寨，这个月份不会生猪崽；

　　　　　若是真生猪崽你们交好运，不必忌讳太多快把寨
　　　　　门开。

　　（主）我们正忌寨，寨里出的事情真是怪；

　　　　　奶奶长出了黑胡子，公公怀孕还未生下来；

　　　　　古怪事多不吉利，莫怪我们不肯把门开。

　　（客）世上禁忌也是百样有，唯独没有哪人忌朋友；

　　　　　你们那里谁是领头人，快站出来讲根由；

　　　　　若是道理讲不清，只有当场来献丑。①

① 　2017 年 5 月 28 日，笔者在吴姓友人家里采访，其女儿吴英兰提供的材料。

聚落的「脏」与「洁」

首先，村寨与村寨之间的集体串门本身就是一种相互交流的过程，却以各种理由来拦截，可见"拦路"本身只是仪式上的表达，并非真正意义上的阻拦、阻隔；而通过这样的仪式，体现出村寨之间的智慧表达，也是增进村寨间情感交流的一种方式。通过上面的拦路歌我们可以发现这是一种"故意刁难"，"奶奶长胡子""公公怀孕"这在我们的现实生活中是不存在的现象，却被作为拦截的一种"借口"，可见侗族人民的幽默风趣。同时也说明了"拦路"并不是真的要拦路，而是一种迎客礼俗，使寨门更具有象征意义。

其次，作为"表演"形式的拦路表演成分多。在 2017 年 5 月 26 日早上九点左右，占里村的少妇们就梳洗打扮好，穿戴好迎客的服饰，在寨门处等待，据说那天是迎接数博会的领导。① 拦门前的准备工作如下：用糯稻的稻草打结成绳，上面再挂上青草草标，两头拴在寨门的两根柱子上，用以拦门。再摆上一张桌子，上面放有一竹筒酒和八个杯子（个数依拦门队伍人数而定），这些杯子也是竹子做的，也是盟誓节时所用的。此次拦门由于青少年都在外上学，还没放假，故只有年轻的少妇们作为主要拦门队伍，本来是安排十八个人拦门，但是由于各种原因，最后只来了九个。已婚年轻男子组成奏乐队伍，有大号芦笙、中号芦笙、中小号芦笙、小号芦笙、镲、锣和鼓，每个人的分工不同，但是每个人每种乐器都会。等到客人到寨门口时，拦门队伍由村妇女主任领头唱敬酒歌。

歌词大意为：

　　高山上的石头想到滚到山脚来，也不会想到尊贵的领导（客人）到寨子里来，到这里没有什么好招待，只能唱几首侗歌来招待。②

之后由未端酒杯的两个人把拦路绳解开让路，男女分别站成两排，吹芦笙的站一边，敲锣、打鼓、打镲的站到另一边，直到领导们走远才停下来，之后再原地等着送客。等领导们转完村子出寨时，这些人又一字排开，吹响芦笙，打起鼓，敲起锣，打起镲，姑娘们站在那里，不用唱侗歌，只是挥手

① 2017 年 5 月 25 日至 26 日，2017 中国国际大数据产业博览会"互联网+大数据助力产业脱贫与美丽特色家园建设"分论坛在占里村举行。
② 2017 年 5 月 28 日，笔者在吴姓友人家里采访，歌词由其女儿吴英兰提供。

告别。

作为表演形式的拦路仪式，与传统的拦路仪式已存在较大差异，如今的"拦路"，开始和结束时鬼师不会举行相应的仪式用以祛除不好的东西，可能是这样的拦路对村子安全的影响并不是很大，也有可能是这样的拦路活动越来越频繁了，没有举行仪式的必要。以前侗族人民认为与陌生人交往是有危险的，那么化解外人所带来的危险就需要拦路；只有通过拦路对歌的形式把这些拦路的标志物拿走之后，才能消除侗族人与人之间的这种"内外之别"，才会使外人成为不具有危险性的自己人，这也是客人获得认可的一个过程，是文化认同和民族认同的一个象征，因为认识这些民族象征符号，就可以证明客人与自己有共同的生产和生活常识；因为有共同的生活方式，才能理解和认识这些民族象征符号在现实中的隐喻意义。①

拦路不仅是待人接客的礼俗，其还有隐喻象征意义。"特定种类的行为是人与人之间关系的特征。首先，在讲话、手势、仪式、礼物等行为中，人们通过象征符号来相互交流。"②俗话说"病从口入"，寨门作为本寨子的入口，为了避免不好的东西进寨，同时把不干净的东西赶出来，所以不得不进行拦截。

笔者在侗族村落调查时发现，每家每户门口都会挂着一串用白色的纸剪成的条状东西，两边还会放有糯稻穗或者是被劈成条状的竹子，这就是所谓做改（祛）白口仪式时放的草标。当地人相信草标一是可以避免别人在背后说自家的坏话，二是可以阻挡不好的东西进入。家里有生小孩的也会在家里挂草标，寨子上有事情发生时也会在寨门上挂草标。J. G. 弗雷泽在《金枝》中有这样的描述：国外的土著禁忌行为有在允许陌生的外地人进入本地区之前，或至少允许他们自由和当地居民交往之前，当地人总是先举行一定的仪式来解除外地人的魔术法力，以此来抵制他们散布致命性危害，或净化被他们污染的空气。而这并不是在于他们对接待外来陌生人的礼仪或表明对来客的尊崇，而是由于对他们害怕。③

聚落的「脏」与「洁」

---

① 吴文仙：《侗族迎客仪式的民俗学阐释》，《电影评价》2014年第4期，第103~104页。

② 玛丽·道格拉斯：《洁净与危险》，黄剑波、柳博赟、卢忱译，民族出版社，2008，第109页。

③ J. G. 弗雷泽：《金枝》，汪培基、徐育新等译，商务印书馆，2015，第330页。

《金枝》中还提道，当地人相信一个人从外乡旅行归来，可能会从所遇见的陌生人那里沾染上某些邪魔，因此回到故乡与亲友重聚之前，都需要履行一定的祓禳仪式。①这在贵州省黔东南苗族侗族自治州从江县高增乡占里村也是如此：村里人外出参加活动回来后都要请鬼师举行改（祛）白口仪式，避免从外面带回来不好的东西。在本次调查中，笔者有幸遇到一次改（祛）白口仪式，村子里有人到凯里参加州庆表演，回来后在村支书家举行了改（祛）白口仪式。

仪式由鬼师吴国高主持。笔者赶到时，鸭血、生糯米、白口、酒杯，要用的牛肉和猪肉都准备好了，鸭子还未煮熟，猪肉和牛肉煮熟了。九点多仪式才开始，鬼师首先往杯子里面倒满酒，有两个酒杯，煮熟的鸭子和肉也端了上来。鬼师面对着墙壁，右手拿着两半图，左手拿着用塑料袋装的草，口里一直念着祭词，后面又把主家请过来，鬼师带着他敬酒。随后鬼师示意性地用手蘸鸭血往嘴里放。主家离开后，鬼师又念了祭词，整个仪式才算结束。随后把肉摆上桌吃饭，参与"祛"的仪式的几个人要从家里自带煮熟的糯米②到主家。

整个仪式时间并不是很长，但是准备的过程却很复杂，而且这个仪式并不是出去参加活动的本村人一回到村子里就举办的，过了这么多天再举行这样的仪式，会不会起到作用呢？这不禁让人感到奇怪。

道格拉斯在《洁净与危险》一书中写了这么一段话："在去除污垢、糊墙纸和整理杂物的过程中，我们并不是受到了'要逃离污垢'的渴望的驱使，而是要积极地重建我们周围环境的秩序，使它符合一种观念。我们规避污垢的行为不存在什么恐惧和不理智：它是一项创造性的活动，是要把形式和功能联系起来，把体验统一起来。既然这就是我们要分隔、整理和净化的理由，那我们在解释原始的净化与预防活动时，亦应作如是观。"③从改（祛）白口的仪式可以看出来，外出的占里村村民回来后没有在第一时间举行仪式祛除不好的东西，是因为他们也不是受到"要逃离污垢"驱使而举行仪式。他们是要

---

① J. G. 弗雷泽：《金枝》，汪培基、徐育新等译，商务印书馆，2015，第333页。
② 这里的"自带煮熟的糯米"并没有什么含义在里面，因为在侗族村寨，若是去其他人家吃饭，都要自己带糯米。
③ 玛丽·道格拉斯：《洁净与危险》，黄剑波、柳博赟、卢忱译，民族出版社，2008，第3页。

通过这个仪式避免将不好的东西带回来，带了回来，会影响村子的"安全"，所以他们会用改（祛）白口这一象征性活动来保持村寨的秩序安全。透过这个仪式，我们能够得出以下结论：首先，在村民心目中就有了寨内、寨外这样一道明显的防线，这道防线与进寨小路的交叉点，就是寨门之所在——不管它是有形的还是无形的，都展现出了以寨门为边界的"内外之分"。

"拦路"还表现出侗族人民对人、对事物的一种抗拒或接纳。道格拉斯在《洁净与危险》一书中提道，社会生活中的污染观念在工具性和表达性两个层次上发挥作用。① 而侗族社区的"污染"不是指自然环境污染的 PM2.5，而是一种鬼神观念，人生病、寨子发生火灾等，他们认为是外面不好的东西进入村寨造成的，最直接的体现就是拦路时所用的拦截工具麻绳、稻草和酒等。

在许多少数民族中，人与人之间的交往一般是不可无酒的。礼尚往来之礼，集中表现在酒上，酒成为处理人际关系的黏合剂。② 这里就不得不提酒在侗族中的重要性。无论是在祭祀、泡蓝靛、改（祛）白口、拦路等仪式还是各种节日中都离不开酒，侗族的酒都是自己酿的糯米酒，也会分为几种，所谓"无酒不成礼义"。所以侗族人民酒的礼仪已经渗透到了宗教祭祀、人生礼仪以及社会生活等各个方面。

祭祀时酒是必用的，表示对祖先神灵的敬意。在拦路时，主方唱着拦路歌向客人敬酒，今天的喝拦路酒，笔者觉得这里的"喝"字用"灌"字来代替更恰当不过，因为主人为了表示对来客的热烈欢迎，会开玩笑式地给客人强"灌"米酒。那么为什么拦路时要喝拦路酒呢？一方面是因为侗族人民的热情好客，喝了酒之后外人就会被认同，喝了酒大家就成为一个整体，相互一致了，是一种由陌生到熟悉的接纳。另外一方面就是侗族人民认为酒有除妖降魔、驱邪避恶的作用，因为他们认为外来人会给寨子带来灾难，喝酒可以去晦气，是一种精神上的接纳。酒还可以作为礼物互相馈赠，每当侗族地区哪家建房、办喜事等，大家都会互相赠送糯稻和自家酿的米酒。

所以酒既是侗族人民祭祀仪式中的一种祭品，也是维持民族和谐与团结的中介物。而酒在祭祀、拦路中所表现出来的作用是整个侗族人民对朋友的

聚落的『脏』与『洁』

① 玛丽·道格拉斯：《洁净与危险》，黄剑波、柳博赟、卢忱译，民族出版社，2008，第3页。
② 何明：《少数民族酒文化论》，云南出版社，1999，第95页。

认同。酒作为礼物交换，成为互相联络感情的纽带，体现了民族团结，很好地起到了维持社区秩序的作用。

稻草在侗寨已经被神化，稻草不仅用在丧葬之中，还存在于各种仪式中。主要是用来辟邪去凶，若是村子中有老人去世，在办丧礼的时候，主人家会在门口等能看到的地方放置一些稻穗，然后大家回去的时候就可以直接拿一两株回去，这样子以来就不会沾上不好的东西了。因为丧葬中多少都会有些不吉利，拿稻穗的话刚好可以化解，将稻穗放置门外寓意为将晦气挡在屋外，不影响自己人的运气。

（五）打醮驱邪把寨扫

侗族人有着多神崇拜信仰，所建的庙有庙神，寨子有寨神，村子的四周方位也都有地脉龙神等，这些神可以保佑村寨的安全，村民的健康。扫寨，占里村村民也称作"驱邪泄寨"。每当村寨发生火灾或者是接连发生不好的事情，村民们就会请鬼师组织扫寨，他们认为是有鬼怪作祟。所以只有对整个村寨进行清扫，把各种"脏"驱除出寨门外，才能够使得村寨变得"洁净"，以此恢复村寨原有的秩序。

"世界并不存在绝对的污垢，它只存在于关注者的眼中。"①对于侗族人民来说，他们认为的"脏"和"洁"并不是笔者所提到过的，如在脏的河水里洗手、洗澡，经常把牛粪倒入河中，小孩子甚至大人都光着脚在寨子里四处走，手上被蓝靛染得黑黑的，厕所建在鱼塘里，鱼还会被捉来吃，空气中弥漫着鸡粪、鸭粪的味道，等等。他们认为这很正常。把牛粪倒入河里，河水可以浇灌稻田。而牛粪又为庄稼提供了很好的肥料。厕所建在鱼塘里，既解决了人的生理需求，又为鱼提供了饵料。这里面无疑都体现了侗族人民与自然的和谐相处，尊重自然、利用自然的生态价值理念。

侗族人眼中的"脏"主要有"火""鬼"、是非口舌、瘟疫和产妇等。在侗族村寨，由于他们所生活的环境是在山林之中，木材非常丰富，所以他们的房屋、鼓楼、寨门、风雨桥、凉亭、粮仓等生活建筑都是木制结构。木最怕

---

① 玛丽·道格拉斯：《洁净与危险》，黄剑波、柳博赟、卢忱译，民族出版社，2008，第2页。

的是火，而房屋、粮仓这些木质建筑又是侗族人民的重要财产，一旦发生火灾，所造成的损失将不可估量，所以在现实生活中防火很重要。村寨中都会把建筑尽可能地建在有水源的地方，每家屋前或屋后都有鱼塘，因为村子里的房屋建筑都比较密集，就会在村寨中间设置防火墙和消防水池。占里村以前的款约①中也明文规定要安全用火，对失火的人更要严厉处罚，不仅要杀了失火者的耕牛，还要将失火者逐出寨子三年，回来后还要"罚五十二两"作为买寨的钱，而且他们也只能住在寨子边上。2015年9月，占里村新立的村规民约中也把引发寨火作最严厉的处罚。另外在族源传说中有提道，祖公吴里逃出来是因为和哥哥在玩的过程中不小心把姐姐的小孩儿抛到了火里，害怕被责怪就跑了出来。从这上面分析来看，吴里定居下来之后，无疑对火产生了一种畏惧，也会告诫子孙防火的重要性，这也是一个精神层面的启示。侗族人民在日常出行或者集体去外寨做客时也很忌讳五行中的"火"日，都要事先卜卦选择吉日，避开"火"日。他们认为在"火"日出行，寨子里会有不好的事情发生，可能是三五天内有人或牲畜伤亡，也有可能会发生火灾等。

另外一个"脏"是"鬼"，他们认同"鬼"的存在。侗族人民一直都有"万物有灵"的观念，占里村村民认为的"鬼"主要有非正常死亡者的灵魂，即摔死的、出车祸的、饿死的、醉死的等等。一是当村子里建房屋举行上梁仪式时，一早村民就会在家里的屋前屋后挂草标(树枝)(图9-8)，因为他们担心这样的重大活动会惊扰到鬼神。二是村子里的妇女浸泡蓝靛时，会在泡蓝靛的容器前举行小小的仪式，旁边还不能有人说话，也是担心会惊扰到鬼神，会使泡出的蓝靛效果不好。三是小孩子出生时，家人会在门上挂草标，以阻止来访的人带来不好的东西惊吓到孩子。侗族人认为产妇是不洁净的，未满月不能出家门、干活和去井边等，只有满月后先带着小孩子到外公家经过一系列的仪式之后才可以正常出门，这既是对产妇的一种尊重，同时也是认为产妇和外来者都是一样不干净的。四是每当村子里有人外出参加演出，回来时也要举行祛白口仪式，以避免从外面带回不好的东西影响寨子的安全。同样，在当地人心中认为外来者灵魂上也是不"洁"的，他们的进入也会给村子

聚落的「脏」与「洁」

---

① 款约三：安全用火。失火者杀耕牛并驱出寨门三年，回来罚五十二两作买寨钱，但是只能住寨边。

带来安全问题，所以在进寨前要举行拦路仪式，把不好的东西拦截在寨外，等等。当在路上看到蛇、猫等动物在交配时，他们认为是不洁的，就要回到家里举办仪式"祛邪"。

图 9-8　草标

综上所述，侗族人认为只有把寨子、家庭以及个人的"安全"和生活的有序化作为"洁"，把所有这些"脏"通过一定的仪式去除之后，脏的东西才会变得"洁"，才会得到神的庇佑。

而所有"脏"的东西进入都要通过寨门，"脏"又会破坏村子原有的秩序，所以在某种意义上扫寨也具有护寨的功能，"洁"即是保障村寨或个人生活安全有序的必要手段。因为寨门又是举办一些如扫火星、扫寨等活动的重要仪式场所，这也表明他们心里一直有着一扇无形的寨门，也是他们的精神价值所在。

侗寨的扫寨一般是在每年农历七月份会扫一两回，所用的费用也都是各户平均捐款得来，如全村共有八个组，每一次都会分组扫，在扫寨之后将此前带着的三牲带到坡上吃。一般选择的场地都是在上寨鼓楼前举办，由鬼师主持，念一些咒语(祈盼五谷丰登，保佑村子安全)，拿着盆取下雨时老树上积存的雨水，用取来的雨水泡上不知名的药(据说泡出来后颜色很像酱油)，再用树枝或竹条蘸取在全村四处洒，以"驱鬼，祈求村寨的平安"。

另外一种驱邪是以个人或家庭为主的。每当有人遇到猫、蛇等动物在交配，就预示着有不好的事要发生，所以就会请鬼师来驱邪。扫的过程是先在家里往外赶"不好的东西"，赶出家门时用草药和鬼师写的传统的道教符放到家门上进行拦截，再继续赶到寨门外边，再放上煮熟的鸡、鸭，用烧香烧纸钱的方式送"不洁的东西"走，再用草药在寨门口再次拦截。

扫火星。侗族乡民为了避免火灾的发生，在每年的冬季还会举行一个"扫火星"的仪式。村民会在寨门外用芭茅草扎一个草标，插在地上或门柱上，示意外人不能进寨。鬼师会从鼓楼处开始扫起，绕寨一圈，念着咒语"封寨扫火星，火就不烧寨，水也不冲田，家家打谷一百二十仓，人人活到一百二十年"。再将火灰集中放在鼓楼前，用水全部浇灭，同时全寨子里的人也都要把火把等任何燃着火的东西用水灭完。他们认为这样灾星出得去，进不来，有利于防火。

在吃新节、过侗年和盟誓节等节庆活动祭祖时，据说那些"死得不干净"即非正常死亡和死时见血的先人灵魂是进不了寨的，所以就需要将祭品端至寨门外进行祭祀。

人类学家道格拉斯在研究洁净与危险的关系时指出，"总而言之，如果不洁就是不适当，那么我们必须透过秩序的进路来研究它。一种模式如果想要保持下去的话，就一定要将不洁或污秽排除在外。意识到这一点是深入洞悉污染的第一步。它将我们置于神圣和世俗之间不清晰的界限中"。① 在侗族，人们通过"洁"把意识中的"脏"祛除，以此来保证村寨和个人生活的有序化。

在侗族人心目当中，侗寨的寨门既是以鼓楼为核心的村寨富有的象征，又是村民安康的保障。随着社会的快速发展，寨门已失去保护寨子的实际功能，现在的寨门更多的是象征意义。

扫寨是侗族寨门文化中的一种象征意义，象征着侗族人民的"神灵"崇拜，其实就是一种人与自然包括推演意义上的人与人、人与社会的特殊对话方式。"门"在中国古代的建筑中不仅占据着重要地位，而且还是中国传统建筑文化的有机载体。"门"虽是有形的实体，却产生于无形的意识概念中。② 这种神秘的对话方式把人与自然、人与人、人与社会作为一个整体来

① 玛丽·道格拉斯：《洁净与危险》，黄剑波、柳博赟、卢忱译，民族出版社，2008，第51页。
② 姚俊：《浅析广西三江侗族寨门的建筑形态》，《大众文艺》2013年第4期，第48~49页。

对待，相互包含、渗透与融合，也被认为是人与神之间有互动的对话联系。

正如道格拉斯对污秽的思考是包含着对有序与无序、存在与不存在、有形与无形，以及生与死这些问题的思考，[①] 寨民期待可以通过祛除"火""鬼"和一些口舌是非、瘟疫等带给村寨和个人的"脏"，以此来保障村寨原有的平和、安详和吉利的有序生活。这也保障了如占里村聚落的有序化，保持了当地刑事案件为零的良好治安环境。而在每一个仪式中重要角色的扮演者、参与者都是寨老和鬼师，这既是对民族文化的一种传承，也是树立了寨老、鬼师的民间权威。

---

① 玛丽·道格拉斯：《洁净与危险》，黄剑波、柳博赟、卢忱译，民族出版社，2008，第 4 页。

聚落有门俗

◇ "门为礼，义为路"

◇ 聚落有寨门

◇ 侗族家屋有"门规"

◇ 荆坪潘氏的"门法"

我国民间自古在确定门的方位时就一直按照"前朱雀（南），后玄武（北），左青龙，右白虎"来选择，民间风水一般视北为不吉利，有"败北"之意，西为佳。风水学认为青龙为吉，东为劣位，都是坐北朝南，坐东朝西。宅门的存在是反映该民宅主人社会地位和经济地位的重要标志。这种观念又渗透到社会的各个领域，于是在这个观念之下派生了"门第""门阀""门户"等复杂的等级观念。无论是在荆坪当地还是全国各地的宅门，它们的文化内涵基本上大同小异，迷信的人认为宅门的风水好不好，会直接影响到一个家庭的气数，因此一些少数民族都十分重视宅门的修建。

（一）"门为礼，义为路"

子曰："礼之用，和为贵。先王之道，斯为美。小大由之，有所不行。知和而和，不以礼节之，亦不可行也。"[1]由于礼乐将宇宙道德与正义秩序运用于人类社会国家最高政治统治，由其所产生的社会价值和人类文明成果关乎人类社会关系的和谐。

古代圣贤明君立"礼为门"、筑"义为路"，将这种宇宙尺度运用于建筑门的数模，将这种数模类比自然法则和人伦道德法则，并视为维护国家正义和秩序的治理方法和手段，它曾经为中国先民创造了一个和谐美好的社会。

中国传统宇宙观是时空合一的宇宙观。所谓门之法，乃宇宙自然最高之法则。法则乃尺度构成，法之准绳，乃建筑营造之尺度，故门的营造离不开法之准绳和法之尺度。《黄帝宅经·序》曰："夫宅者，乃是阴阳之枢纽，人伦之轨模，非夫博物明贤者，未能悟斯道也。"侗族先民和汉族先民一样，是从自然法则推演出，具有相应的宇宙观，根据建筑模式演绎出人伦道德法则。故孔子曰："志于言、立于礼、成于性。"乃宇宙最高自然之法则。

门法是一种宇宙观，即门第观，它既是一种权力象征，又是时空合一的生态建筑宇宙观。人之法源于自然之法，则门之法源于师之法，师之法源于圣贤之法。因此，门之法度乃宇宙自然之法度，门的尺度乃宇宙尺度，即"人法地、地法天、天法道、道法自然"。关于门与道、门与法有以下几种

---

① 张以文：《四书全译·论语》，湖南大学出版社，1989，第64页。

解释。

"门为礼，义为路"成为一种宇宙自然的社会法则，这种社会法则完全是建立在宇宙和谐决定万物以及对人类生存适应的认识，由此产生了人类的道德观念。关于门与礼有以下几种解释。"礼为门，义为路"。《礼记》曰："乐者，天地之和也；礼者，天地之序也。"[1]礼作为宇宙秩序，它是和谐的，并且是与人类自由幸福密切相关的。"门为礼"，是指人类出入自由。说明门为礼是幸福的根基和礼之门的依靠。杨润根在《发现〈论语〉》中对"礼"作了类似的解释：实际礼包括"宇宙的规定性、宇宙规律和宇宙秩序，它是和谐的。因此，它不仅是至真的，而且是至善、至美的。它成了一切道德的、正义的、合理的、恰当的事物代名词"[2]。礼是先民祈祷丰收和幸福时的一种礼仪活动。在先民看来，丰收和幸福是非常复杂的历史事件和历史演绎过程，就如同看到所有动物和植物都是严格地按照季节发育生长和开花结果，由此产生的某种深刻的认识。先民们将种植和养殖业的丰收决定人类幸福的宇宙秩序及其运动规律类比为人类"礼"的宇宙秩序和宇宙法则，并且对礼做出相应规定。因此，原始先民们将宇宙自然法则和宇宙逻辑类比为宇宙生物逻辑和宇宙生命逻辑，再把宇宙生物逻辑和宇宙生命逻辑类比为宇宙文化逻辑。反之，从建筑门的"礼"演绎出宇宙自然法则。这种为丰收和幸福祈祷的礼仪活动充分反映了原始先民的丰收和幸福生活观之间有着极为密切的关系，先民通过对天地运动规律、季节变化和整个宇宙秩序之间的相互关系的理解和认识来认识这个世界。

（二）聚落有寨门

传统村落都会有特定的寨门。寨门既代表本村寨门庭的总朝向，又要考虑到本村寨山水的走势、地脉朝向和"龙神去向"。在建村立寨的门的选址上聚全村人的集体智慧、集全村寨人的信念，来选择"全村最吉利的朝向"，使全村寨人进入"人财兴旺、富贵双全"的佳境。

---

① 李学勤：《十三经注疏》，北京大学出版社，2006，第39页。
② 杨润根：《发现〈论语〉》，华夏出版社，2003，第20页。

在侗族地区，寨门被认为是村寨守护神显灵驻守的地方。侗族人认为"寨门神"对内可防病防灾，对外可以防御邪鬼的进入。凡村寨人畜生病，都要向它献祭；儿童体弱要请它当"保爷"；村寨发生火灾，大家要全力抢救寨门；来"吃乡食"的客人进寨，要向"寨门神"敬献，主人也在寨门里设案迎客。凡侗寨建筑，都要先将"萨岁"（又名"老祖母"）堂和寨门建好后，方能建立房屋，这是侗族的古规。① 所以，寨门在侗族地区的建筑中其位置十分重要。

乡民进出村寨的路有千万条，从四面八方汇集，却只能通过寨门进入村寨。寨门选择在何处不仅仅是便捷的问题，这是事关聚落安全、兴盛的大事。聚落的寨门还有深刻的文化含义。村民有许多礼仪性的活动需要在寨门前举行，除了迎宾送客，还有婚姻习俗和丧葬习俗等许多活动都要在这里举行。如何选择寨门的位置，村民们认真观察，达成共识——需要形成一道天险，千径归口，也就是人们常说的"一夫当关，万夫莫开"的关口。一般选择的地方多在靠山、近溪的路口处。寨门的选址都是由村子里德高望重的鬼师，经过推测来选择的，然后交给聚落的寨老们进行协商，共同决定寨门安放的位置。

侗族的寨门十分讲究。传统的侗寨在每一个进入寨子的路口处均建有寨门，寨门也起着连接、沟通内外的功能。寨门的大小要根据本寨的财务收支情况来建。在有的侗族村落凉亭也能成为寨门，凉亭多修筑于山坳或村寨路边，造型与花桥略同，有的是廊式重檐三宝顶长亭。

侗族的寨门建筑形态不一、样式有别，有的独立于寨边路口，也有的与鼓楼、风雨桥和凉亭相结合。寨门形式分为独立式、门楼式和桥亭式三类。独立式的寨门多为单层，有门或无门，有门的多为双开门，寨门形体相对较小，其屋顶结构可变，建筑造型自然朴实，寨门外形比较朴素。门楼式寨门一般与门楼相结合作为一个整体而建，气势恢宏，规模相对较大。有的将底层架空留作进出的通道，有的还在底层设栅门，楼层则用以远望警备，或者休憩之用。桥亭式寨门是指寨门与其他建筑(一般为风雨桥)相结合的一种形式，一般设于道路入口及溪河之上，寨门规模相对较大，大多没有门页。占

---

① 耀宏集、云清：《祭寨门》，《贵州民族研究》1989 年第 4 期，第 36 页。

里村现有的两处寨门均属桥亭式，与凉亭相结合，可作为乘凉休息之所，无门页，两侧为独立的门亭，有美人靠，供人休息。

一般而言，侗族寨门有四柱、六柱或八柱框架的，有一间、两间或三间大屋的，有独立于寨边的，有与鼓楼作为一个整体而建造的。大门一般为两扇，其余则用木板装饰。寨门高度有一丈多的，有两丈多的。寨门屋顶，有的盖瓦，有的盖杉树皮；有的前后两面倒水，有的四面倒水；有的为人字形，有的为宝塔形。寨门四角，有的装四个斗拱蜂窝作为装饰，有的只在门前上方装两个斗拱蜂窝作为装饰。门柱、门板、门壁上，有的雕龙绘凤，有的画鸟绘花。门前地面嵌有圆形或方形大石板，石板上刻有双鱼戏水图案。寨门与村寨之间有石板路或花街路相接。寨门一般与风雨桥相映成趣。它从侧面反映了侗族传统文化的特点。

寨门在侗族人民心中的位置非常重要，对于放火的、吸毒和赌博的人，最重的处罚是被逐出寨门，远离寨子居住，也就是不再承认这类人是寨子里的人，直到其有所悔改。在占里村的款约中有规定：不准多生。夫妻只生两个好，多生者不娶其女做媳，不嫁其子为妻，使其男孤女单，自感羞愧。严重多生者逐出寨门。失火者的处罚方式前面已提及，此处略。禁止赌、毒，吸毒、赌博者，要处罚银两，屡教不改者，杀其耕牛全寨分享，没收财产逐出寨门。对于杀耕牛的处罚，如果家里没有耕牛，就要拿家里的钱或者借钱凑够进行折价抵押。若是三年以后回来认错，且有所悔改，交够罚金，还是会享受以前的同等待遇，被没收的房屋在这三年将不会动，悔改回到村子里，将会安排住在寨边（寨门外），全村人将会帮他把房屋迁移过去。

侗族寨门的功能有三：其一是防盗，其二是防御外来者入侵，其三是迎宾送客的场所。这对侗族村寨建筑群的形成起到了至关重要的作用。

首先，防盗。侗族村落自古就制定有款约，祖先也把这些款约编成侗歌由子孙传诵。关于寨门的防盗功能可以通过解读款约来理解——款约是"不准偷盗。偷盗者罚银五十二两，并退还偷盗的东西"。据调查，占里村村内无一起偷盗案例发生。因为占里村自古就是日不锁门、夜不闭户的无锁村寨。但是由于现在的旅游开发，外来人太多，治安难度加大。聚落的旅游开发既有好处，也有弊端：好处是村民有钱了，日子越过越好了；弊端是外来人太多了，村子里不像以前安全。寨门也完全无防盗功能了，村子里的治安也没了保障。笔者 2015 年暑假来到通道紫檀侗寨做田野调查时了解到村子里发生过一起偷窃事件，不过不是本村人所为，是外面的人晚上开着面包车来村子里偷了一户人家的牛，整个村子都没有察觉。幸好半路被交警查车时查出来了，归还给村民，避免了本村村民的财产损失。从村子里丢牛这件事情上看，旅游开发虽然给当地居民带来了额外的收益，可是以前村子里的安定局面也随着外来人口的大量涌入而不复存在。

其次，防御外来者入侵。阳烂侗寨以前的寨门选址都是选择位于山边、河溪边等地势高峻或险要之处，这些地方易守难攻，可以有效防御外来者的入侵。而现在的寨门选址完全失去其防御性。而高步侗寨的寨门还是可以看出它的防御功能：寨门比较传统，门的旁边有一间值班室，每到晚上都会把这扇门关上，还有专人守夜。此处的寨门比下寨的要大一些，构造也差不多，还保留有清朝的寨墙，寨墙高 1 米，宽 1.5 米。从寨门和寨墙的选址和修建来看，选的都是地理位置很优越的地势，防御功能占首位。据说在山上还建有哨卡，一旦有敌人进入，都会第一时间放炮提醒。因为地势的缘故，寨子里的人可以有充足的时间来准备抵御外敌。

再次，寨门是村寨迎宾送客的场所。交往，是人的一种本能，同时也是促进我们人类进化与发展的客观需要。马克思唯物史观认为，人类社会在不同的时代、不同的社会条件下，有着不同的交往方式和交往内容。

家有家门，寨有寨门。当家里有客人到来时，主家都会先到门口处迎接，走时再送到门外，这也是传统习俗。而寨门对于一个寨子来说也是一样，因为侗族人多居住在大山深处，祖先们在经历了各种社会灾难，辗转迁徙才到现在的地方定居下来，当有外人入寨时，都必须经过寨门。最初是为了村寨的安全，外来者也就免不了要被拦下来接受盘问。拦路对于当地来说，也是出于对外界的抗拒、对自我的保护和体现集体的团结一致。随着时代的发展，社会逐渐安定，再加上侗族人民热情好客，对客人到来时的欢迎和离开时的相送都显得格外隆重，而寨门就成为迎宾送客的重要场所，而拦路这一程序也就演变成为一种待人接客的礼俗。

（三）侗族家屋有"门规"

有家屋必有入屋之门，也称为"家门"。"家门"如同房屋主人的"脸面"，与其说"家门"象征着一种权力和地位，还不如说它是一个人的尊严和人格的象征。古人说"门有道，人有法"，门道和门法实际上是一种自然之法。门道和门法的自然法则是以神性固定下来的，它要求人们自觉地遵守这种自然法则，不允许任何人违背这些法则。

侗族干栏民居建筑进屋要经过两道大门，即从外大门一楼上楼梯，才能进入中堂门。侗族民居外大门结构比较简单，而中堂大门比较讲究。在侗族地区外大门和中堂大门的朝向是一致的。从侗族民居门分类来看，门的主要功能是通风、出入方便和防止外人入室，保证室内安全；当然更多的是考虑到家庭成员的使用方便。对房屋建筑来说，空气只有通过门窗才能对流。无论是中国古代皇家建筑还是官府衙门，即便是民居建筑，门不只是建筑的呼吸器官，为人们居住提供舒适的自然环境，还是社会地位和权力的象征，在某些人眼里，门更是一种神性的象征。

侗族先民视门为礼，将门视为宇宙自然法则和人伦道德法则及正义真理之秩序，更重要的是门能体现宇宙自然法则即神性法则，正如孔子所言："鬼神之为德，其盛矣乎！视之而弗见，听之而弗闻，体物而不可遗，使天下之人，齐明盛服，以承祭祀，洋洋乎，如在上，如在其左右。《诗经》曰：'神之格思，不可度思，矧可射思。'夫微之显，诚之不可掩，如此夫！"[1]侗族村民的祭门仪式和门楣上面的灵符，真能使你"视之而弗见，听之而弗闻，体物而不可遗"。所谓宇宙尺度之无限和宇宙法则玄冥难测，其用意就在于"神之格思，不可度思"。

自家大门一般避免朝向庵堂、寺庙、州府衙门、监狱或其他公共建筑群的大门。在侗族村民看来，民居建筑的大门如果正对这些大门，会"凶多吉少"或"带有晦气"。

侗族民居大门取向不能正对大路，如果房屋朝向正对大路，其门必须改

---

① 张以文：《四书全译·中庸》，湖南大学出版社，1989，第34页。

朝向，或在房屋正对大路的正面立一块石碑，并在石碑上刻上"泰山石敢当"，或者用一块小木板替代石头，在上面写上"泰山石敢当"，或是"佛令在此"，或是"姜太公在此"。即使是房屋立柱，也不能正对大路，也可以采用同样的方法挂上一块木牌，侗族村民认为"同样具有押煞避邪的作用"。

门户尺寸则是从"吉"字起量的，属于一个吉祥的计量系统。侗族村民认为，如果作为营造师不知门光尺的流传沿袭和师承关系的话，就会得出一些凶多吉少的数字。二者所列门户尺寸均以门户营造尺寸值来推算，有时必须转换为八字尺的数字。

门上的神灵，在侗族当地人看来，实际上是门道和门法的体现。门上有神灵附着，故称之为"门神"，这就是所谓"举头三尺有神灵"，也就是当地人认为的神灵无时无刻不在注视着你，说明一个人说话、做事、为人处世要小心谨慎，不要做对不起自己良心的事情，不要做那些伤天害理的事情，否则门神会不安的，门神不安就会给家人带来不安。侗族人祭祀门神，以求家人福禄平安。侗族起首立门，祭祀门户，只是望门礼拜，感恩戴德，别无所求。古代祭祀门神只限于士大夫贵族阶层，庶民无须祭祀。后来发展到平民百姓都可以祭祀门神，以求平安。

按照侗族人修房造门的习俗，也须选择"吉日良辰"。门光星吉日定局，大月为初一、初二、初八、十二、十四、十八、十九、二十四、二十五、二十九；小月为初一、初二、初六、十一、十三、十七、十八、十九、二十三、二十四、二十八、二十九等。《淮南子》曰："其尺也，以官尺一尺二寸为准，均分为八寸。其文曰财、曰病、曰离、曰义、曰官、曰劫、曰害、曰吉，乃北斗七星与辅星主之。用尺之法，从财字量起，虽一丈十丈皆不论，但在丈尺之内量，取吉寸用之，遇吉星则吉，遇凶星则凶。亘古及今，公私造作，大小方直，皆本乎是。作门尤宜仔细。又有以官尺一尺一寸而分作长短者，但改'吉'字作'本'字，其余并同。"

由此可见，在侗族人的观念中，"财""义""官""吉"四字为吉，"病""离""劫""害"为凶。然而"吉"字寸白使用，并非"吉"字恒为吉，"凶"字恒为凶，还要看安门的对象如何。"义"字门安装在都门和廊门上视为凶兆，那么"官"字门不宜安在黎民百姓的大门上，而"病"字门安在厕门反而会逢凶化吉。《鲁班经》曰："惟本（吉）门与财门相接最吉，义门惟寺观学舍义聚之所可装，官门惟官府可装，其余民俗只装财门和吉门。"下面我们根据侗族民间习俗介绍以下几种钉财门的方法。

造民居宅门。"新修房屋开门之法，外正大门而入，须二重叫门，则东开门吉，要是屋狭曲，则不宜太直，有两门，内门不较外门大，依此法创也。民居大门千万不可与彼人家屋大门对冲。凡外入大门不要直穿，如直穿者冲财犯煞。屋狭横天赤口：一辰、二卯、三寅、四丑、五戌、六亥、七戊、八子、九未、十赤。十二逢仲冬牛马。修房造门，必须要遵循天干、地支、十二时辰，不得随意动土，以冲太岁。""如其年在子，向首即午，午即为太岁对冲之方，又名三煞，为最凶之处，故宜所选'紫白'克制。如子年向首在午，午属火，宜选一白尺寸之门，用一白水无制午火，与制三煞义同，故吉。"①"修房有日，立门有时，依法创业，逢凶化吉，家屋昌隆。"鲁班仙师告诉主人顺天意而存，逆天时而亡，万物生存如此，人类亦是如此，这是放之四海皆为准的真理。

门闩关煞。"遇吉人兴财发，六畜兴旺，鸡鸭成群，牛壮羊肥，喂猪繁盛。一年长千斤、月长万两，斟酒三献。追债上来，主家有钱，不堆砖，推梁上，白虎梁下，白虎宅前长后宅、左宅、右宅，狐狸、野猫、毒蛇、猛兽远走它方。天地圣年、圣月、圣日、圣时打出千里外，押出外界。众圣位在前，酒斟三献，掩住赤口天、赤口地，押在万丈深渊。众圣位在前，酒斟三献，天上乌云起(点火烧纸钱)，地下云雾开，众圣领钱财，千里众圣到火边，钱师上帝，祝公大仙，请圣来变金钱，变一为十、变十为百、变百为千、变千为万，冥天能保律令。"举头三尺有神灵，门神在此，各路邪魔妖怪、牛鬼蛇神不得入内，各路神仙请放下你们的法宝，主人有请，否则也不得入内，门闩关煞神在此，即便是主人也得遵门守道，不得随意毁道灭门，伤天害理，否则会引来"灭门之祸"。

钉财门一宗。"手拿斧头白如银，主家请我钉财门。拿了铁钉十二颗，钉起就是状元门。左边一扇金鸡叫，右边一扇凤凰声。主家好似财帛星，秤称银子斗量金；好话不用多，十个少爷九登科；好话不多言，得了儿子点状元；向主人家道喜，恭喜恭喜三恭喜。""这杯酒来斟得高，主人财门钉得好。

---

① 午荣：《鲁班经——新镌京版工师雕斫正式鲁班经匠家镜》，海南出版社，2003，第59页。

主人坐起答谢道：一对双龙来抢宝。主人喝我杯中酒，喝个福长寿也高；这杯酒来清又清，贺喜主人钉财门；财门钉起好得很，日进金来夜进银；前仓满来后仓存，为子造福万年春。""年煞、月煞、日煞、时煞、九两山煞一百二十凶神恶煞，弟子迎请姜太公在此，请神回避，恭喜主人荣华富贵。主人加花红利市有不有？众人答道：有、有、有，伏以伏以又伏以，连伏两三道伏不起，说不说笑又不笑，空梦当头古书照，丢低丢低又丢低，富贵荣华今日起。"这个门神就是门道之神即姜太公，侗族村民认为，姜太公用道剑钉财门关煞，能压住一百二十凶神恶煞，能确保主人家日夜平安，家屋富贵昌隆。

钉财门二宗。"迎请土地神灵，通天大帝，出入幽冥。与吾传奏，不得留停。有功之日，名书上请。保安功德，虔诚奉请。主家拜敬，三教香火。净莘福神，盖天古佛。昊皇大帝，孔子先师。七曲文昌，梓橦帝君。骑驴保词，送子仙官。北方镇宅，真武祖师。南海岸上，观音佛祖。归宿宫中，牛魔二王。赵罗孟康，四员官将。灶王府君，文武二星（大魁）。左右门神，长生土地、瑞庆夫人；堂上先灵，受令祭祀，伏以社功。浩浩圣德，昭昭弟子。有请洪州仙道鲁班先师、吴氏老母、张郎大将、赵巧先师、曲尺童子、墨斗郎君，请赴香案前钉财门，受令祭祀，堂上宗祖、老幼先灵，请赴香案，新钉财门。受令祭祀，保家清洁，请刘已周，酒奠三献，用鸡血洒祭。上墨斗、上纸钱、上布、上号令。木工傅钉大门四言八句：天高地厚逢良辰，手拿斧头钉财门，主家财源多茂盛。门大黄金滚进门，吉日来把财门钉，百事顺遂又太平。"钉财门要祭祀土地神灵、佛祖释迦牟尼、昊皇大帝、鲁班先师等各路神仙，特别还要祭祀自己的老祖宗，以保佑主人家门庭兴旺，子孙发达，家屋安宁，万事顺畅，富贵亨通。

钉财门主要是为祭祀各路门神，门安则宅安，宅安人才能安居乐业，安居乐业不只是先民才有的善良愿望，现代人也有如此良好愿望。侗族的木工师傅一般认为门光尺两端的一、八寸处和中间的四至五寸处为吉。"向左移动三分三，躲过鬼门关，向外移动八分八，子孙万代发。"吉凶尺寸排列是对称的，无论从"财"字还是"吉"字起量，吉门恒为吉，凶门恒为凶。木工师傅说："前门二尺八，死活一齐搭。"即住宅大门宽二尺八寸，八寸合八白，"八"字从"财"字量起合"吉"，从"吉"字量起合"财"。这个尺寸不仅符合压白尺法和门光尺法的吉利数，而且事实证明它来自人类建筑科学的实践经验知识的积累。

在侗族人中间流传着这样一句口头禅："门开六，吃不愁；格子（指窗子）逢六，断了鬼路。"由此可见，"六"作为先天自然数也是一个吉祥数。迷信的人常说"逢六必转"，也就是门开六转，转才会有财；窗子"逢六必转"，具有"驱邪押煞"的功能。侗族人认为，木匠师傅把门窗做好以后看尺寸准不准确，用尺量来量去，意在驱鬼，因为"鬼怕尺量，树怕刀砍"。以上尺寸看起来与民俗宗教信仰有关，实际上是要求人类遵循宇宙自然法则。就"八"这个自然吉祥数来说，八与人体身高有关，即"身高八尺，一表人才"，也就是说房屋空间要有八尺空间，这样不仅要求人与建筑相适应，而且要求人与自然生态环境相适应。

（四）荆坪潘氏的"门法"

在荆坪古镇，至今依然保留了建造于明清时期的大量居民住宅，虽然随着时代的变迁，现在的水泥式建筑逐渐代替了传统木式房子，但是传统建筑蕴含着丰富的传统文化知识，这是现代建筑所无法做到的。

"门纳万物"：吐故纳新，人才会进步。房屋建筑也是一样，要讲究吐故纳新。那么，从哪里纳呢？从门纳进来，不管是五谷也好，财源也好，还是人口也好，都要从门口进，这就是所谓"门纳万物"。有一副对联写得好："门纳春夏秋冬福，福进东西南北财。"这是居住地的必需条件。人以及万事万物都要通过门进进出出，门没有修，你从哪里都进不来，从哪里都出不去。一个宅院必须要有两道门——前门和后门。宅门又叫财门，进了这个门，在宅子内所有的房屋内周而复始地循环，循环以后还要透出去，就还要一个后门。

前门：又叫宅门，还叫财门，宅门对家来说意味着平安。一般的标准，前门是上宽下窄，为什么要上宽下窄？侗族人认为这样的宅门不会漏财。如果上窄下宽，就会漏财，是不可取的，所以将上宽下窄的前门称为收财门。

乡村社会中，宅门被视为家族的运势。所以说一个家族的前门需要方正、大气。乡民认为，如果宅门哪里烂了，就要补起来；如果不补起来，就代表着运势和财气的漏损。前门的门槛又叫红门方圈。路过时也有讲究，不能用脚踩，而是直接跨过去。

在某些乡村，陌生人（外人）进门是很有讲究的。现在住在城里的人们，大都是即使对门对户，仍老死不相往来，要是听到咚咚咚的敲门声，就通过猫眼来识别敲门者，看看是不是小偷，是不是抢劫的，是不是陌生人。在乡村遇到这种情况，其做法就不同了。假如我是外人，我就只能左手扶着门，贴在宅门上望，表示对房屋主人的尊重。如果要进入别人家，就必须大大方方地敲门，这表示拜门。只敲一下，就表示我要找你了。敲门也是很有讲究的：敲门只能敲门的右边，"左大右小"，敲小的这边表示自己来求人。如果你敲了门的左边，主人会认为你是没事找事，可以不予理睬。在乡村社会里，也是"无事不登三宝殿"的，敲了门的右边，这表示我登门拜访来了，肯定是有事找你，求你办事。

帖门：侗寨乡民在宅门两边还各修一扇小门，这两扇门就叫帖门。古代的帖门，必须是正五品以上的官员才有资格修。有些人家想修两扇帖门却不敢修，即使修了也都把它固定了下来，因为没有这个五品官员。如果有五品官员，那这个帖门就还可以再加宽。这样一来，就出现了"地脚红门"（地红门）和"郎顶红门"（上红门），二者合称"红门"。红门的方加长以后，这个帖门就可以开了。

门心：帖门中必须要有门心，门心在哪里？古人认为门心对天心、地心，就是天、地、人，人从门里过，人在门中间，就是天、地、人、心，通过天，通过地，通过人，通过心，把这四个方面合在一起就是堂堂正正一男人，所以门风很重要。门风好不好，门风正不正，就看你天、地、人、心正不正；门风正，你家的天、地、人、心就正。"上梁不正下梁歪"，天、地、人、心不在一条线上，还能指望有所成就？大厦顷刻倒。

门梁：门梁分上红梁、下红梁，俗话说"有端端正正的梁，有端端正正的门"。这就像人的脊梁，人的脊梁就应该挺直；衣服有梁，就能够顺堂。每个人都有梁，衣服不能放梁，人是不能放梁的，放梁了就不成人样了，人穷不能放梁，再穷你也不能丧失你的志气；意志也是梁。所以说这个梁是不能乱的。门还有顶梁（就是最上面的一根横着的柱子，也叫天梁），它是最高的，与天相近，所以也叫天梁。现在修砖房子或者砖木结构的房子，它不叫天梁，它叫封顶，修上去做顶梁。在乡村社会里，门风好不好，就看你天梁正不正，有没有天地良心就从这里体现出来。天地良心到哪里去找？到各家各户的这个宅门上去找天梁——天梁代表"天地良心"。天梁中间挖了一个槽，槽里面放了一些东西，叫作"天地良心"，心中能装下任何东西，装有天下。

门楼：门梁与上红门之间还有一段距离，这个空间就叫门楼。这个门楼类似人的口腔，口腔上面有鼻孔，房屋的"鼻子"和"口腔"都能通气，那就显得房屋方正，明明朗朗。门楼上可以挂牌匾，牌匾的数量不限，可以是奇数也可以是偶数，当地人认为它代表"家里生生不息的生命与荣耀"。

门的顶天柱。门的顶天柱也叫金柱。修建后还需要进一步"校准"，"以符合龙脉顺通"。门楼正了，天、地、人、心就正了。靠什么来校正？这就要靠门的顶天柱了。屋檐是金字形的，这个金柱还有一个名字叫"京柱"。在民间有一种说法，就是如果把金柱叫"京柱"，这户人家里必须是出了宰相官员，否则不能叫"京柱"。普通老百姓家的顶天柱只能叫金柱。金柱有宝塔之意，分上层和下层，还有三块挡板，这叫"金水格"。金水格又分下金方与上金方，其寓意就是祈祷"人亲人脉、金玉满堂、财宝归家"。

门垂。堂屋大门有两个门垂，门垂下面要有八卦，门垂下面的八卦是用来辟邪的。门垂八卦下面有十二颗珠子，十二珠代表每年有十二个月，每颗珠子代表一个月。最后归门垂把总关，守住家屋，保护家人每个月平平安安，终年不受侵害。

莲子门。如果你出去了，把莲子门一关，就表示你们一家人都出去办事了，旁人绝对不会打开你的莲子门。如果莲子门开着，表示不是主人在家里就是有老人在家里，反正家里有人，你就可以来家里找人。如果把莲子门第一个门栓拴上，表示虽然屋里主人在家，但闭门谢客；即使有人贴在门上喊，主人也绝对不回应你，因为门已经关上了。

门档：红门上面的横枋叫门档。乡村百姓认为家里门档高就说明家里规矩多，尤其是家里有女孩子的，不能轻易让人家进来。家里门档高，就说明我们闺门紧，不让其他男孩子接触。门档高的另外一个意思是"你家的男人门档也高"。男人门档高就是进门只招一妻，不会有"三妻四妾"，对待感情专一，家庭长久。

　　"门在屋内空间与外界空间之间架起了一层活动挡板，维持着内部和外部的分离……墙是死的，而门却是活的。门将有限单元和无限空间联系起来，通过门有界和无界的相互交界，它们并非交界于墙壁这一死板的几何形式，而是交界于门这一永久可交换的形式。"①故此，门的"活"把住屋的墙壁的"死"转化了，发挥了住屋的用途。在这一转换中，民间还兴起"门神"的文化概念。作为民间信仰的守卫门户的神灵，人们将其神像贴于门上，用以驱邪避鬼、卫家宅、保平安、助功利、降吉祥等，是中国民间深受人们欢迎的守护神。按照传统习俗，每到春节前夕，家家户户便忙碌起来贴春联和门神，祈求来年风调雨顺，五谷丰登。根据史料记载，周代的时候就已经出现了"祀门"的活动，而且是极为重要的一项典礼。门神分为三类，即文门神、武门神和祈福门神。文门神即画一些身着朝服的文官，如天官、仙童、刘海蟾、送子娘娘等。武门神即武官形象，如秦琼、尉迟恭等，武将门神通常贴在临街的大门上，为了镇住恶魔或防止灾星从大门进入，故所供的门神多手持兵器，如刀枪剑戟、斧钺钩叉、鞭铜锤爪、铛棍槊棒、拐子、流星等。古人认为，民间多为平凡之命门户，贴门神所持兵器应背向以消减其锋芒；大富大贵之命门户，贴门神所持兵器正向，能更增威严之气。祈福门神即福、禄、寿三星。这些门神虽出现的时间、区域、背景不尽相同，但至今都仍作为人们的普遍信仰。

---

　　①　齐美尔：《桥与门——齐美尔随笔集》，生活·读书·新知三联书店，1991，第4~5页。

家屋的神龛

◇ 神龛"上坛"的书写与含义

◇ 神龛上的"土地"与"财神"

◇ 对神龛神灵的敬畏

在乡村社会，每家的正堂前方都安有"神龛"，有的地方又将神龛称为"家先"。神龛是由上坛、下坛和横批组成，横批是"祖德流芳"。在横批的下方还贴有五张喜钱，为"吉祥安康"之意。上坛有"天地君亲师位"；其两旁有"是吾宗祖，普同供养"；再两旁有"三界万灵真宰，一门五服宗亲"。下坛有"供奉下坛，长生土地，瑞庆夫人之神位"，左右有"年月招财童子，日时进宝郎君"。

"天地君亲师"的思想发端于《国语》，形成于《荀子》，在西汉思想界和学术界颇为流行。东汉时期出现形式整齐的"天地君亲师"的说法。北宋时期"天地君亲师"的表达方式已正式出现。明朝后期以来，崇奉"天地君亲师"在民间广为流行，把它作为祭祀对象的做法也比较普遍。清雍正年间，第一次以帝王和国家的名义确定了"天地君亲师"的次序，并对其意义进行了诠释，特别突出了"师"的地位和作用。从此"天地君亲师"就成为风行全国的祭祀对象。① 在荆坪潘氏家族中强调的是其中的"敬畏天地，崇敬君亲，感恩师长"，体现的是敬畏感恩的孝道文化。"天地君亲师"作为中华民族祭祀对象历史悠久，从而铸成一个民族的"天地君亲师"文化体系，其形成的意识形态和思想道德规范，已渗透到中华民族家教家传的言行举止中。

"天地君亲师"是中国传统社会崇奉和祭祀的对象，表现了中国人对穹苍、大地的感恩，对国家、社稷的尊重，对父母、恩师的深情，表现了中国人敬天法地、孝亲顺长、忠君爱国、尊师重教的价值取向。这几个字是中国人的精神寄托和心灵安顿之处，也是中国传统社会中许多伦理道德取得合法性和合理性的依据，它们就像石柱一样，支撑起了中国传统社会的大厦。它们深入每一个中国人的内心，无论是知识分子还是不识字的穷苦大众，大家都将它奉为天经地义的信条；它们对广大人民的教育，比任何法令经典都更有效果。关于"天地君亲师"的解释，潘中兴族长这样说道："人由父母所生，万物由天地所生，所以人要敬畏天，敬畏地，要敬畏君，要敬畏亲人，要敬畏师，才能有自己的位置。如果离开了以上所敬畏的天地君亲师，那就没你的位置，也就没有你的人生。"

---

① 徐梓：《"天地君亲师"源流考》，《北京师范大学学报（社会科学版）》2006 年第 2 期（总第 194 期）摘要部分。

（一）神龛“上坛”的书写与含义

神龛上文字的书写方式也有讲究。以荆坪村潘氏家族为例，神龛上的“天”字下面的“大”字不能顶住第一横。关于这个写法，潘族长解释“哪怕你能力本事再大，都不能冲撞你的师长、父母等前辈，以及国王和神灵，这就是天不能顶头”。如果妄自尊大，“天”就会惩罚你。“天”要包容“地”，即“地”要在“天”的下方，不能比“天”大。在古代人的观念中，天是人间祸福的主宰，也是自然的支配者。天能给人福泽，同时也能给人灾难，降雨使得人们丰收，不降雨让人们遭到饥荒。“地者万物之本源，诸生之根源也”，大地上生长的万物能够供应人们的衣食住行，故有“大地母亲”之说。人们是天地所生所养，天姓父地姓母，天无日月，就无昼夜四季的交替，没有阴阳的交替，大地上的万物又怎能生长？班固在《白虎通义》中记载道：“王者所以有社稷何？为天下求福报功，人非土不立，非谷不食。故封土立社，示有土也。稷，五谷之长，故立稷而祭之也。古有国者必立社稷，社稷代表国家，以社稷的存亡，示国家之存亡。”①这足以说明古人概念中的“天”与人们的生活息息相关。在荆坪古村的潘氏家族中，大家认为天可以包容万物。“天”的意义很广泛，在家父母为天，在学校老师为天；“天”要包容一切，孩子犯了错，父母师长要允许其犯错，包容其错误，这样错误才可以得到改正。

“地”的写法是“土地不分家”，“土”字和“地”字要连起来写，“土地分家，那么就会发生地震，地震之后，就会有延续性的灾害，就会生灵涂炭。”潘族长如是说。这体现了人们对地的敬畏之心。天可以包容地，但是即使地再大，也不能冲撞天，不能犯上。土地养育万物，都将土地比作母亲。人们生活在土地上，就要对土地抱有感激之心。民间对土地神的崇拜风气盛行，在民间神龛上下坛大多都是供奉着土地神，而土地神也一直作为家神存在于民间。在潘氏家族文化中，天地是不能分开的，是作为自然崇拜而存在的。但是潘家人在此基础上赋予家庭文化中的孝道文化以新的内涵，将天地的含义扩大化——在家父母为天，在校师长为天，这就是潘氏家族文化中的天

173

---

① 出自东汉班固《白虎通义》。

地观。

　　"君"字"口"要闭严，君不能乱开口，因为"君子一言，驷马难追"。古代君王在男子面前如若要笑，也只能是面带微笑；而在女性面前，口则紧闭，十分严肃。在潘氏家族中有一个"见官大三级"的故事与"君口"有关。清乾隆皇帝的老师潘士权要告老还乡了，当时皇帝想给潘士权一个地方官做，潘士权不要；皇帝又说给金银财宝，但是潘士权作为皇帝的老师财富已经很多，所以也没答应。最后潘士权对皇帝说只想要皇上题五个字。皇帝想都没想，就题了五个字："见官大三级。"写完之后，皇帝又仔细一想，觉得不妥，想收回。但是没办法，君王之口一言九鼎，没有收回的余地了，于是便让潘士权带着这把"尚方宝剑"回到了家乡。这五个字对潘氏家族发展的重要性不言而喻。在潘氏家族中，君的含义也是很广泛的。大到国家，小到学校、家庭，君子的要求都是一样。君子要言而有信，不能够失信于人，这是诚信的表现。此外，根据潘氏族长的介绍，潘氏家族世代流传下来的对"君"的理解中还包括对君王的敬畏、对国家的忠诚、对父母的孝顺等内容，可见，君的定义在荆坪潘氏家族文化中是很广泛的，这其中体现了家族文化中的孝道文化，即敬畏与感恩。

　　"亲"的繁体字写法是不闭目，即右边"见"字上面的"目"是不能闭着的。闭着眼睛就看不到亲人，看不到亲人也没有情分可言。亲如果闭目了，家庭就不会和睦。亲属于孝悌仁义的范畴，也就是说，对长辈要孝顺，对同辈要友好，对朋友要宽容，对晚辈要慈爱，夫妻之间要以礼相待。潘族长在福建漳州寻根问祖的时候无意知道了一个关于"亲"的不同解释。即所谓亲者，要有自己的立本根源，"亲"字上面一个"立"字，下面一个"木"字，就是要扎根立在土地上，相亲相见才叫亲。潘族长后来又问了在贵州的宗亲，他们也认为亲者必要相见，不相认者不为亲，为木人，一个木人是没有亲近感的。这其中体现的是祖先希望潘家人之间多多往来，不要忘记自己家族的根本，要记得祖宗，孝敬祖宗。亲者，要互相来往经常相见，才能够团结，奋发向上。亲者，要感恩亲人，所以写神龛上坛的时候必须把"亲"排在第四位，这是必须体现的。当能做到对一切事物都怀有感恩感激之心，那就可以称之为"有情"。所谓"得道多助，失道寡助"，丢掉了人际关系，就失去了发展的土壤。"亲"在荆坪潘氏家族中体现的孝道仁义是一直存在的，亲是血缘关系的体现，也是社会关系的表达，是心理感情的体现。

"师"的含义是敬畏感恩师长，师是老师，"一日为师，终身为父"。师有师德，"三人行，必有我师"，这个"师"是广义的，神龛中供奉的"师"是培养教育人们走上人生正途的人，与广义上的"师"和而不同。师在各个行业中都有，潘氏家族最开始开染坊，这些开染坊的先辈就是师，这就是文化的沿袭。师爷则是行业中的祖师爷，如鲁班等，这些人都值得供奉，但是却不能超过天地。所以要尊敬师长，要孝敬师长，这是荆坪潘氏家族一直提倡的。

"位"的写法和"师"有关系。在写家贤的时候，当写到"师"的最后一笔，写家贤的老人①就要顺着那一笔，慢慢坐在身后早已备好的凳子上，接着写"立"头上的一点。这也叫"师不离位"。"位"在荆坪潘氏家族中的意思是，只要你对天地、君主、亲友和师长都怀有敬畏之心，上三下三②都敬畏到了，过世后在三界之中就有你的位置，有了位置才能进入到上坛之中，受人尊敬与敬仰。人在世的时候，也要敬奉"位"，这样后世的人才会怀有感恩与敬畏之心。位就是每个人过世之后的灵魂。在民间，大部分人都相信人死后是有灵魂的，人并没有真正死亡，而是转世投胎，继续下一段生命，好人投入人道，坏人投入畜生道，这种来世观也作为人们的日常行为规范而存在。

"三界万灵真宰"指的是主宰三界的佼佼者。"三界"指的是"天 、地、人"三界。天界指的是天上的日月星辰中的万物万灵。地界指的是地上的万事万物，在荆坪潘氏家族中还特别强调地界中的水界，也就是水中的一切事物，有了水才有生命，地球上的陆地和水也是三七分，所以特别强调水界。人界也叫阳界。"真宰"指的是主宰三界的佼佼者，三界各有其主。要感恩三界中的主宰者，对其怀有敬畏之心。

"一门五服宗亲"指的是家族中供奉的五服③，如以潘中兴族长为分界线，有上五服和下五服。其父亲、祖父、曾祖父、高祖父、烈祖父为上五服，下五服则是其子、孙、曾孙、玄孙，这就是一门五服宗亲，在荆坪潘氏家族中的说法即是如此。古时的九族就是五服。所以要记住一门五服，怀有敬畏感恩之心。传统认知理论认为，"人死之后，其灵魂是存在的，出了五服，就

---

① 指年满六十周岁，有知识有文化的男性。
② 笔者注："上三"指的是"天地君"，"下三"指的是"亲师位"。
③ 笔者注：现在关于五服的说法众说纷纭，这里只代表荆坪潘氏家族中的五服说法。

可以投胎转世为人"。

"是吾宗祖"就是将"天地君亲师位"都当作自己的祖宗来敬拜，要怀有敬畏感恩之心。"普同供养"就是在对神灵的供奉上不要区别对待，自己吃什么，就要给神灵供奉什么，不能奢侈浪费，这在荆坪潘氏家族中也是勤俭节约的家族文化的体现。"普同供养"的另一个意思是要对所有的神灵都怀着同样的敬畏之心，即不分神位的大小，都要同等看待与敬仰。

这就是神龛的上坛，上坛中的"天地君亲师位"是神龛的核心，其代表的不仅仅是民间信仰，在社会上代表的是一种伦理道德规范，在荆坪潘氏家族中代表的是一种家族文化，也是一种孝道文化。而在上坛与下坛的连接处有一种奇特的存在，叫"寿生"。"寿生"是连接上坛与下坛的关键之处。"天地君亲师位"要符合寿生，天地造人，人都会有生老病死生，就是寿生。这是天地合一连接处，是上坛和下坛的连接处，没有寿生，两者就连接不起来。下坛的寿生也是一样，给长辈立碑时都要符合寿生，字数要对应。在荆坪村，人死后三年，选个好日子立碑，或者安葬的第一天不请魂，第三天才请道士上山去请魂，要长子背着老人的一个物件烧掉，接着由家族中在世的最年长的男性长辈将碑立在坟头。

（二）神龛上的"土地"与"财神"

荆坪村的神龛上写有"供奉下坛，长生土地，瑞庆夫人之神位"，说的是要供奉土地公和土地婆。土地是人的衣食父母，没有土地，人类就失去了生存资料。在民间，土地庙是最常见的神灵，在路边、在庙宇的旁边、在家中等都有供奉土地神的神位。但是土地庙的规格都很小，有的甚至是用几块砖砌起来的。但是人们依旧对土地神怀有敬畏之心。之所以说是"长生土地"，是因为荆坪这块土地有十万多年的历史，并且已出土的文物中发现了许多新石器时代的石斧等生产工具。"长生土地"，是元朝时创立的专有名词。① 土地作为人的衣食父母，和人们的感情深厚，所以一直作为家神供奉。"土地神也是个隐忍的神"，人们常在糟蹋土地，但是土地神一直默默守护着一方

---

① 笔者注：北京玄武门土地庙主持的说法。

土地，所以土地神有两位，这也体现了阴阳调和的关系。元明清土地神地位得到提高，但是土地神在神界的地位一直都不高，这在《西游记》中各路鬼怪以及孙悟空对土地神的态度就可以看出。但是在民间，土地神一直作为家神存在，人们会去供奉以求五谷丰登，平安顺利。

"年月招财童子，日时进宝郎君"，指的是求财源广进，招财进宝。民间说法，"童子是有灵气的，7岁以下称童子，15岁以下称童汉，童子尿可以治病，童子可以通灵"。在荆坪当地传说中，"童子眼就是千里眼，能看到很多平常肉眼看不到的事物。另外童子之言也是很重要的，童子有聚财的作用"。在荆坪，如果有人修建房屋时问一个童子修房屋的人会不会发财，如果小孩子说发财，这家人会高兴很久，反之则会一直心烦。有的人甚至在提问之前就用糖讨好小孩子，让他们说出吉祥话。由此可见，当地人对童子的作用是很重视的，所以"年月招财童子"就是希望童子一直在家中"保佑聚财"。"日时进宝郎君"中，郎者，明也，即开朗，心胸开朗开阔者。只有心胸宽广之人，才能在社会上广交良友，才能得到他人尊重，这样财宝自然会进入手中。这也是教导人们不要自私小气，不要吝啬要大度，这样才能得到更多。

在荆坪潘氏家族中，神龛文化不仅仅是信仰的存在，还作为修身立家的规范，作为家族文化而存在。只有感恩天地君亲师位，感恩土地神，做一个心胸宽广之人，"上对得起天地，下对得起良心"。

求神，必须要心诚，心诚则灵。还要准备牙盘①，即一斤以上的猪肉，还有雄鸡和水豆腐。将这些贡品供上神龛之后，就要上香，烧纸钱，数量随意，重要的是真心祷告，表明自己的心愿。

笔者在访谈过程中遇到一位八十岁的老爷爷，他说以前摔断了腿，但是由于家庭贫困，没有条件接受医院治疗，当时疼痛不堪。最后求助于神灵，仙娘在他腿上"喷了口水之后，所有疼痛就消失了"。当问及仙娘生病了该如何是好的问题时，老人家说道："她只会生病五六个月，过了五六个月就好了，又可以去求神了。"由此可见，当地人相信神灵是有感情的，并不会离开

---

① 牙盘在不同的祭祀仪式中具体代表不同，在祭祖仪式上，早晨的牙盘摆放物是水果和茶，称为"素果"。水果中不能有梨子和葡萄，梨子象征分离，葡萄对孕妇不好。而晚上的牙盘摆放物则是肉、酒、鱼、水豆腐，称为"荤果"。

这个地方。在当地，人们对神灵的崇拜已经成为生活中不可分开的一部分。

（三）对神龛神灵的敬畏

家屋神龛是神圣的，也是家屋兴旺发达的象征，更是家屋神灵所在。写家先神龛上的主榜还有更多讲究，如请年满六十岁的有知识的男性来书写。一般是过年那天或择吉日进行，动笔必须是上午，表示"蒸蒸而上"。非过年择吉日安神龛写家先还要请先生做法事，请神上龛，这其中规矩颇多。祭祀"天地君亲师位"为中国古代祭天地、祭祖、祭圣贤等民间祭祀的综合。祭天地源于自然崇拜，中国古代以天为至上神，主宰一切；以地配天，化育万物；祭天地有顺服天意、感谢造化之意。祭祀君王源于"君权神授"观念。由于在古代社会君王是国家的象征，故祭祀君王也有祈求国泰民安之意。祭亲也就是祭祖。祭师即祭圣人，源于祭圣贤的传统，具体指作为万世师表的孔子，也泛指孔子所开创的儒学传统。在中国封建社会末期，这一祭祀已遍及千家万户，具有肯定宗法关系、强化封建意识的作用。

在古代社会中，神龛之上的"天地君亲师"更多的是统治阶级对普通百姓的思想统治。"君"为根本，是五者的核心，在写法上，就是君要闭口，这是对君的要求。但是实际上供奉在神龛上就是要求人们要敬畏君主。王春瑜先生《说"天地君亲师"》的主旨就是要说明："'天地君亲师'连成一体，而'君'字是中心。这就清楚表明，由这五个大字组成的特种牌位，是封建专制主义强化的产物，也是巩固封建专制主义的利器。供奉这块牌位，就是供奉皇帝，向这块牌位叩头作揖，就是向皇帝俯首称臣。"①既然"君"已经是神龛的核心了，那么天人关系的调和就十分重要。荀子提出"明于天人之分"，注重天人关系，从而形成了"天地君亲师"的思想。"天地"存在于神龛之上，就是要让人们知道，天和地是不可冒犯的，要注重人与自然的和谐发展，只有尊重自然，才能实现后续发展，所以在很早以前就存在"可持续发展"的思想。天人合一的思想在君权思想中具有双重意义，君主可以利用天人合一的思想统治人民，用该思想取得统治地位，使其具有合法性。但是该思想也有约束

① 王春瑜：《牛屋杂俎》，成都出版社，1994，第64页。

君权的作用，如若君主对民残暴，违反自然规律，那么老天就会惩罚他。所以说天人合一的思想具有双重性。

在以儒家为正统的古代社会中，"亲"属于孝悌仁义范围，《中庸》中有"仁者人也，亲亲为大"①的说法。"亲"既指感情上的依赖，也指行动中的互相扶持。儒家认为，养成一个仁人君子，亲便是立德之始。《说文》②曰："亲者，至也。"《广雅》曰："亲者，近也。"从字面上分，"亲"就是"关系至近、至密者"之意。但是后来随着字意的发展，"亲"的范围得以扩大。由于亲属关系是人类建立社会关系的始点，是最重要的联结网络，是人们发展情感、形成人格、建立认同不可缺少的人际纽带，因此，中国人一向看重亲人之间的联系，所以在神龛上供奉着"亲"，也是为了提醒后人重视"亲"的联系，尊重亲人。所以对朋友要讲仁义，要相互宽容、谅解、忠信、尊重；也要做诤友，是说还要相互批评帮助。古人的论友、交友之道，很值得今人学习。

南宋俞文豹在《吹剑三录》中说的一段话："韩文公作《师说》，盖以师道自任，然其说不过曰：师者所以传道、受业、解惑也。愚以为未也。记曰：天生时，地生财，人其父生而师教之，君以正而用之。是师者，固与天地君亲并立而为五。夫与天地君亲并立而为五，则其为职，必非止于传道、受业、解惑也。"这里就特别强调了"师"的意义和地位，作为神龛上五位之一其教化的作用是十分明显的。人在世上是离不开教化的，所以老师的地位就显得十分重要。在以儒家为正统的古代社会，祭师即是祭圣贤，即孔子。由于后人称孔子为"万世师表"，所以祭师一般都是祭祀孔子。在后来的发展过程中，老师在传播儒家学说上起了很大作用，在社会上，"三人行必有我师"的思想也一直为人所尊崇，学习各种技艺的过程也是不断提升自己的过程，所以师的范围在扩大，包括各行各业的授业者，其地位独特，值得敬仰。

"天地君亲师"五字成为人们长久以来祭拜的对象，充分地体现出中国民众对天地的感恩、对君师的尊重、对长辈的怀念之情。同时也体现出"中国

179

---

① 王国轩译注：《大学中庸》，中华书局，2007，第95页。
② 许慎：《说文解字》，九州出版社，2001，第495页。

民众的敬天法地、孝亲顺长、忠君爱国、尊师重教的价值取向"①。这几个字正体现出中国民众的终极关怀所在，是传统社会中伦理道德合法性和合理性的依据。由于它深入人心，对民众的物质生活和精神生活各方面都产生了巨大影响，这也是中国人不同于西方人，中国文化不同于西方文化的主要影响因素。

而下坛中的土地公婆则是作为最常见的家神存在。土地神源于古代的灶神，是管理小区域地面的神灵。汉应昭《风俗通义·祀典》引《孝经纬》曰："社者，土地之主，土地广博，不可遍敬，故封土为社而祀之，报功也。"②殷商时期，祭祀土地神就是祭祀大地，因而土地神更具有自然属性。据《礼记·祭法》载，当时祭祀土地已有等级之分，文称："王为群姓立社曰大社，诸侯为百姓立社曰国社，诸侯自立社曰侯社。大夫以下成群立社曰置社。"汉武帝时将"后土皇地祇"奉为总司土地的最高神，各地仍祀本处土地神。这其中就体现了土地神的重要性，凡是涉及土地的人类活动，人们就想求得土地神的保佑，这也体现了中国人重视土地的朴素思想。传统民间思想认为，每个地方都会有土地神，它不像其他地方的土地神，而是有其自身特点的唯一存在的，久而久之，土地神就成为人们乡愁的来源之一。土地神包括土地公和土地婆，这也体现了道教的阴阳调和的思想。但是由于人们通常都认为土地婆是自私自利的象征，所以一般信奉的都是土地公。一直到现在，对土地公的崇拜盛行。在祈求土地神保佑的同时，也要感恩土地，敬畏土地。而不能违反自然规律，无节制地开发利用土地，这样会造成严重后果，最后还得人类来承担。

招财童子和进宝郎君就是人们对财富的渴望。童子体现了中国人"多子多福"的传统思想。当然，童子一般指的是男童，重男轻女的思想是一直存在的。而进宝郎君体现了君子生财有道，这也成为人们的一种道德规范，即不做偷鸡摸狗之事，心胸坦荡，自然会有聚财之用。

神龛文化中的上坛所反映的更多的是儒家的思想，下坛体现的是道教思

---

① 徐梓：《"天地君亲师"源流考》，《北京师范大学学报（社会科学版）》2006年第2期，第99~106页。

② 应昭撰、王利器校注：《风俗通义校注》，中华书局，1981，第354页。

想，可见儒、道两家在民间是受到尊敬与推崇的。但是作为神龛文化的核心，还是儒家思想占据主要地位。在古代，神龛更多的是为政治服务的，民间的神龛文化一般也是作为精神附庸而存在。但是历经千百年的发展演变，神龛文化也逐渐被赋予宗教祭祀、传承家族文化的内涵，神龛作为中华民族特有的崇拜方式，也体现了人们对传统文化的归属感；尤其是在要大力提倡学习优秀传统文化的今天，我们更应该对优秀传统文化产生认同感，做到在继承中发扬光大传统文化。

现代社会中，随着城市化现代化步伐的加快，神龛在民间的设立相比以前少了许多。但是在农村社会中，神龛还是普遍存在的，只是已经不再作为政治附庸，更多的是作为自然崇拜和家族信仰，作为传统文化而存在。人们把神龛的意义扩大化，延伸到社会的每一个行为规范准则中，将神龛文化作为家族文化，这是对传统文化的一种继承与发展，也是良好的家风建设。在民间，类似于神龛这样的信仰方式还有很多，但是如何让这些具有中华民族传统文化特征的民间信仰得以保留，并且具有新时代的内涵，这是我们值得思考的问题。笔者以荆坪潘氏家族中族长家的神龛作为载体来分析荆坪地区神龛文化的特点，其中大部分资料出自潘中兴族长之口，仅作为研究荆坪潘氏神龛文化的参考。

侗寨鼓楼

◇　侗家喜欢建鼓楼

◇　鼓楼是聚落团结的载体

◇　鼓楼是聚落权威的象征

◇　鼓楼呈现的民间信仰

◇　通道阳烂鼓楼

鼓楼是侗族的传统建筑，它与侗族人民的物质和精神生活息息相关，是侗族文化的核心体现。鼓楼所包含的内容极其丰富，它对当地人而言不仅是现实生活的需要，更是村民精神世界的需要。鼓楼作为一个重要场域，众多活动与事件都曾围绕着鼓楼不断上演，权力的划分与运行在这里得以呈现，各种权力交错存在并产生不同的影响，从中似乎可以了解整个地方社会的内在结构及其运行机制。

鼓楼作为侗族社会关系的耦合体，展现出的是侗族社会的自然环境、族群关系以及历史进程，其所包含的丰富文化内涵使它本身就代表着一种权威，而这些文化在侗族社会历史发展与交往过程中不断得以积淀，最终使鼓楼不仅成为权力的实体，它在人们的思想甚至是信仰中也都是权威的存在。

（一）侗家喜欢建鼓楼

人们常说，侗家要建寨，必先建鼓楼。侗族鼓楼建筑由来已久，侗族人对鼓楼和长鼓也都特别喜欢。据侗族老一辈人回忆，原来侗族人在鼓楼内高挂着一面直径 3~4 米长的大牛皮鼓，以擂鼓为号，召集村民议事，因此而得名"鼓楼"。平时村寨里遇到聚集议事、合议款项，惩恶扬善、击鼓报警和迎宾送客、节日喜庆等重大事项，即登楼击鼓，鼓声所及，一寨传一寨，很快传到深山远寨，人们闻声赶来，聚众议事。而今天的鼓楼不仅是侗家人娱乐休闲的中心，而且还是侗族人颁布款约的施政指挥中心。侗家人的各种大事、要事都在鼓楼里面商定，这是鼓楼的主要社会实用功能。

在侗族早期社会，由于地理环境相对闭塞，经济与交通都不甚发达，为了保证自身的生存与发展，需要在周围村寨中树立本村甚至本民族在其他民族中的地位，而鼓楼在这种境况下成为显示本民族财力和人力强大的象征。鼓楼不仅给予了村民更多的荣誉感，也使他们得到更多的社会及自然资源的控制能力。如果一个村寨没有鼓楼，获取不到更多的资源，那村民也就没有能力去和别人进行交流。

而从另一方面看，鼓楼的存在也是村民情感的一种需要。自古以来，侗族人民都以勤劳勇敢、团结互助、与人为善等作为日常生活中的基本准则，这种观念已经渗透到他们生活的方方面面，不仅成为侗族人民社会行为的价值取向，也成为侗族历史上一代代传承下来的优良民族传统。涂尔干认为集体意识是某一特定社会的大多数人所接受的共同信仰和感觉，构成具有本身特色的一定体系。① 运用集体意识的概念分析社会条件对个人意识的影响有着积极的作用。而鼓楼所展现出的集体意识是侗族人的精神核心，他们推崇集体高于个人，无论是思想观念还是价值取向都明显具有群体性。侗家人通过鼓楼来展现及强化集体意识，并以此维系整个侗族社会的和谐稳定。

此外，鼓楼的其他功能，例如预警、开会议事、烤火歇凉、节日往来以及放置物品等，都与村民的日常生活息息相关，这些都是村民建鼓楼的动因。鼓楼的权威性在侗族社会的历史过程中得以建构，如今鼓楼本身就是一种集体观念的体现。

建设鼓楼是侗族文化传承到今天所构建的知识体系，这是传统文化给予大家的精神动力。鼓楼的出现是必然的，这是一种情感需要，是大家的共同需要——既是现实生活的需要，也是村民精神世界的需要，正是这种情感需要，才有了一直到今天仍屹立不倒的鼓楼。

（二）鼓楼是聚落团结的载体

建鼓楼的发起人是寨老，寨老在今天的大多数侗族地区依然存在，寨老是村落内部的权威群体，多为社区里德高望重的老人，一般都是由村民推选产生。大多数侗寨至少会有一名寨老，寨老可以决定社区内的很多大事，但是他没有任何特权。村里要建鼓楼、风雨桥或是来了客人等需要村民共同协作完成或招待客人的事情，大家都会听寨老的。寨老让大家了解他组织管理社区的模式，看到他的权威和号召力，这是侗族社会用来解决社会管理和社会权利纠纷的一种非常好的模式。在岜扒村，上下寨共有十多位寨老，他们的职责与村委会不同，主要处理民间事宜。村里以前有老人协会，但如今老人协会已被寨老协会所取代。岜扒村修建鼓楼之前全村寨老都聚集起来开会商议，这个会议是没有政府人员参与的，完全是村民们自己的事，而最终商量的结果也是建立在大多数村民的意愿之上。初看修建鼓楼的权力是寨老在

---

① 埃米尔·涂尔干：《社会分工论》，渠东译，生活·读书·新知三联书店，2000，第42页。

行使，实则这个权力背后真正的运作者是全村村民，如果大多数村民提出反对意见，没有村民的财力物力以及人力支持，鼓楼便无法修建。

鼓楼建设物资的筹集是非常重要的一个环节。自古以来，侗族地区的传统公共建筑大多由本村村民集资建造，外村及外地人会捐少部分。随着社会的发展，现在国家及政府也会出一部分钱用来建设。在岜扒村，集资过程中的领导人也是寨老，修建鼓楼的资金都需要村民筹集。如岜扒村修建鼓楼时，一般流程是寨老们同一时间聚集在鼓楼中讨论，把建设所需的大致资金预算出来，经过大多数寨老同意之后，寨老首领把会议内容与结果通知到各家各户，每户再平摊资金。这座鼓楼属于下寨所有，因此修建资金大都是下寨村民筹款所得，另外政府补助一小部分。当时总共筹了十多万元，平均每户出了一千多元，捐的款主要用来请木匠师傅以及买少部分材料，而主要建造材料杉木也是村民所捐。当时下寨家家户户都有参与，每家规定出三根木头，每根木头的围径要八厘米以上。自家如果没有合适的树，就要去买，最后共筹集了四五百根木头，都用于建鼓楼，比较特殊的用于打地基的四根大柱子，其中两根是在朝里村买的。

物资筹集完毕，便正式开始动工建造鼓楼，而在开工前村民必须杀猪招待请来的木匠师傅以示尊重，宴请过程还会请村里几位老人以及学历较高的青年作陪。老人多是村里德高望重的人物，例如寨老，自古以来他们就拥有较高的社会地位；而选择学历较高的青年则是由于岜扒村村民与外界社会接触增多，开始意识到学历的重要性，如今在村中，有文化、学历高的人的地位与以前相比也有提高，于是邀请学历高的青年作陪。鼓楼开始建造的时候每家每户按规定必须出一个劳力，而寨老安排一位会计给出工的人记天数。另外在黎平请了十多个木匠师傅，师傅主要是指挥村民做丈量尺寸、柱子打孔和画线之类的活计，而粗活则是靠村民干。前期工作做到一半的时候会计觉得安排的事情太多，自己无法应付，寨老廖某先就出来说道："你们这样干不行，会计一个人搞不下来。寨老应该分三个组：一个组负责安排运树进来，一个组负责将其改成枋（改造后的木头），第三组安排找师傅和瓦。"①当

---

① 笔者于 2017 年 8 月在岜扒村田野调查访谈所得，相关资料现存于吉首大学历史与文化学院资料室。

时分成三个组之后，一个组差不多有四位寨老，每个组安排了任务就要承担责任。当时安排到个人时每个人都分工明确，罗汉（中青年男性）是建鼓楼的主力军，因为他们的气力较大，所以要做搬木头之类的重活；妇女与老人则负责做些轻活：妇女帮忙送茶水到工地以及运瓦片，不仅因为她们体弱，还因为她们都很细心；而老人则专门管材料，这不仅是因为他们年老体衰干不了重活，更重要的是村民对他们的信任与尊重。明确的分工使整个过程变得秩序井然。

涂尔干将维系社会的方式分为机械团结与有机团结，他认为机械团结产生于不发达的社会结构，即传统社会。在传统社会中，同一团体的成员采取同样的谋生手段，保持同样的习俗，信奉同一图腾，这种共性使他们意识到大家同属一个集体，而不会离心。这种团体基本上是从"相似性"中生成的社会，即所谓"同质"的社会。该团体的首要任务是使成员们尊重团体的信仰和各种传统，即维护共同意识，维持一致性。[1] 社会成员在情感、意愿以及信仰上的高度同质性是其根本特征，宗教观念渗透整个社会，成员则以共同的宗教信仰作为社会整合的纽带。而"有机团结"的社会，即近代的分工制社会。它产生于发达社会结构，以个人的相互差别为基础，是建立在个人异质性与社会分工的基础之上的社会联系。在该社会中，劳动愈加分化，个人的活动也愈加专业化，但成员通过分工合作相互连接在了一起。[2] 透过涂尔干的理论来看，鼓楼建设中的分工属于有机团结的分工，但实质上，这种有机团结的背后机械团结也在起作用，集体意识仍然是促成大家一起去建鼓楼的重要因素——大家都愿意去建鼓楼，即使这个过程没有任何实质性的报酬。涂尔干认为有机团结和机械团结分别代表着近代社会与传统社会，事实上并非如此。在侗族社会，两种模式并没有分离开来，而是统一在一起，它们同时存在并且相互支撑。在这种模式下，所有人在相同的情感与意愿之下各司其职。

建造鼓楼是按照兄弟结盟来安排人员的。兄弟结盟是不同家族结合在一起所形成的联盟形式，下寨有八个兄弟结盟，而鼓楼共有十七层，为了避免

---

① 埃米尔·涂尔干：《社会分工论》，渠东译，生活·读书·新知三联书店，2000，第26~27页。
② 埃米尔·涂尔干：《社会分工论》，渠东译，生活·读书·新知三联书店，2000，第91页。

分配上的不公平，每个兄弟结盟负责几层鼓楼都是抓阄定的，抽到哪一层就负责哪一层。如果一个兄弟结盟只有一二十户人家，就把这个兄弟结盟的人并入其他结盟家族，保证每个兄弟结盟组都要有二三十户人家。当时是把人数最少的那个兄弟结盟并入其他七个兄弟结盟组，最后就是七个兄弟结盟组平均分配任务。因为鼓楼上层高不好施工，而下层宽好施工，导致上层施工人员劳动强度大，而下层劳动强度小得多。但这都是抓阄看运气的，所以村民并无怨言。整个建设过程村民都非常积极，他们觉得这不仅是为村里做贡献，而且义务出工是保佑后代平安、积德的行为。

（三）鼓楼是聚落权威的象征

鼓楼是侗族重要的社交场所之一，每逢大小节日，侗族人民会邀上本村和其他村寨的亲朋好友，聚集在鼓楼内弹着侗琵琶、牛角琴，唱着侗族大歌，或是在鼓楼边的戏台上唱侗戏，而村民则会坐在鼓楼中观看，大家尽享节日的欢乐。而在闲暇之时，人们也会在鼓楼中聊天歇憩，冬天天冷时会在鼓楼中央的火塘中燃起一堆火，大家围火而坐，谈论着村中的趣事，在轻松的气氛中度过一段温馨的时光。而在岜扒村，"吃相思"是从古至今一直保留的传统活动。"吃相思"即做客，本村会邀请其他村寨的青年男女歌队来到当地做客，当暮色将至时，年轻人会在鼓楼里对歌，通过歌声传达情感，以前这也是他们选择对象的时机。鼓楼在人们生活中的方方面面都发挥着作用，它的重要性不可替代，在这些围绕着鼓楼而进行的社会交往中，其凝聚力也得到更多体现。

历史时期，侗族社会时常有动乱发生，各村寨为了维护本村的平安，多会与周围村寨结盟，这时"款"组织的诞生，使各村寨的联系变得紧密。"款"组织在宋代就已产生，至明代款逐步完善，有明确的疆界、严密的法规和至高无上的权力。款有小款、大款、联款之分。小款由附近几寨或十几寨组成，凡牵连到寨与寨之间的民事纠纷或重大案件，一般由小款解决。各邻近小款又联合组成大款，还有各大款无定期联席会议——联款。大、小款均设有聚众议事的款场，推举众望所归之人为"款首"；款内有自治法规，称"款条"；款内各寨均有"款脚"（或称"管脚"），专司击鼓喊寨聚众、传递情报等职事。从江县境内、黎平和广西三江接边地区有六洞、九洞、二千九、千七、千五、千三等侗款，而岜扒村则属于二千九款①。

动荡年代，时常会有土匪流寇入侵村寨抢劫杀人，为了防止这种情况的发生，款内各寨都会在附近的山坳上设置"堂炮"或哨卡。如发现警情，即鸣炮报警，邻近村寨闻之也放炮响应，顷刻之间周围村寨尽皆知晓。各寨头人即命人登楼击鼓聚众，持戈以待，并派人驰援受害村寨。笔者在调查过程中，有村民回忆起村子里曾经发生过的动乱，无不感慨："以前村子外有土匪，这里有二千九（款约），像村子与村子的大结盟，每个村子在山上都有哨卡，每天有人放哨，如果土匪进来，一个哨卡放炮了，其他村子的哨卡要接应着放炮，不接的话，会遭到二千九的罚款，二千九里的村子都必须这样。出了大问题都要通知，放三个铁炮，另外村子里听到了也要放三个铁炮，就说明他们知道这边有难，也要有人过来帮忙的。当时的铁炮由石家管理，一般也是在萨堂放，算是预警。如果土匪进来了，就要敲鼓楼里的鼓——那个鼓敲多少下也是有规定的。现在斗牛啊有客来，还有大年三十的时候都会敲，七月七一般不敲。以前没有广播，如果咚咚咚地慢敲三下，就是出急事了；如果咚咚咚咚咚地急敲，就是有客人来了，就这两种敲法。那个时候听到咚咚咚的鼓声，村民就准备抗击了，男人有枪拿枪，小孩妇女都先跑。以前村子也有土匪进来过，高增是富裕的村子，银子多，岜扒是个穷地方，高增就把银子放在岜扒。土匪知道高增把银子放在岜扒，就过来抢劫了，最后高增没有事，而岜扒损失很重。当时土匪共进来过三回。"②在通信工具并不发达的过去，放炮与敲鼓这样的情报传递方式不仅快捷而且主题清晰明了，并且由于款组织的存在，不传递情报以及不帮助受害村寨抵御外敌，则会受到惩罚，村寨之间的交流往来才会更加密切，侗族村寨互帮互助的传统也得以沿袭至今。而在这个过程中，鼓楼充当了一个重要角色。由于自古以来鼓楼便是建在村寨中心，当有敌情时，在鼓楼中敲鼓，就能以最快的速度通知并聚集全寨村民。再者鼓楼在村民心中具有神圣性，鼓不能随意乱敲，当有

---

① 从江县民族宗教事务局：《贵州省黔东南苗族侗族自治州 从江县民族志》，贵州人民出版社，2016，第191页。

② 笔者于2017年8月在岜扒村田野调查访谈所得，相关资料现存于吉首大学历史与文化学院资料室。

鼓声响起时，村民出于完全的信任才能以最快的速度赶赴现场。如今由于社会稳定以及法制健全，款组织的作用更倾向于解决村寨之间的纠纷。如发生较大的寨际纠纷或出现较为严重的违约事件，款首则会"起款"聚众议决或执行款规。而有的侗族地区，鼓楼则充当着款场的角色，成为议款的场所。

而侗族自形成以来至中华人民共和国成立之前，动乱时有发生，但更多的是自我发展，"平稳"与"动乱"交替运行，而在维护正常的生产生活秩序过程中，村际之间的权力也得以体现。

而今天村际之间的交往内容多以娱乐活动为主，比如"吃相思"、唱大歌以及对歌之类，村民这么评价鼓楼："过节的时候，外地有歌队过来的话，就会到鼓楼里面唱歌，在鼓楼主要是和其他村子交往，'吃相思'。民间鼓楼就像县里面的影剧院一样，像国家的大会堂一样，主要议事也集中在这个地方。别人来做客，也会在里面唱歌。岜扒现在和附近寨子交往得多。"①村民把鼓楼比作"国家大会堂"，鼓楼对他们而言是个圣洁的地方；但功能却非常多，村子里最重要的活动都会在这里举行，它对侗族人民而言是必不可少的存在。

而笔者在与岜扒村的歌师交谈中得知，每当有别的村寨来本村"吃相思"，拦路歌中的有些内容也会与鼓楼相关。如本村的人会唱："放陌生人进来，会对鼓楼不好。"对方则会回答："我们来了就会让你们村寨变得更好。"客人来到鼓楼唱歌，会唱关于鼓楼的歌，歌词不仅会赞美建鼓楼的人，还会赞美本村鼓楼建得好。当地一首对歌的歌词中便有如此一段："你请哪里的师傅建鼓楼建得这么好，木板这么光滑，斧头与刀这么锋利，板凳这么好，你们是请哪里的师傅建得这么好？"以及"这栋鼓楼成为整个村寨的点缀，你们有了这个鼓楼，你们以后的生活会因为它变得更加美好"。在侗族人的心目中，一方面，鼓楼代表的是整个村寨，象征着村里的人力、财力以及凝聚力的强弱，因此对鼓楼的夸赞及尊重亦是对村寨的尊重。另一方面，鼓楼也是本村向其他村寨展示实力的一种方式，村民普遍认为鼓楼砌得越高越好。岜扒村的鼓楼有十七层，规模与其他村寨的鼓楼相比是比较大的。有村民说

① 笔者于 2015 年 7 月在岜扒村田野调查访谈所得，相关资料现存于吉首大学历史与文化学院资料室。

道："这地方有鼓楼，那你这个地方就有本事，因为建一个鼓楼不是一百万也得是四五十万，一个人做不起，一般农村做不起这个；就算做得起，也没有必要做鼓楼。鼓楼是村子里的实力象征，上寨没有鼓楼，我们这里有鼓楼，就说明我们这里比他们富裕。其他人一看，上寨肯定没有下寨富裕。你富裕了不拿给别人看，别人也不知道你富裕了，鼓楼就是财富的展示。"①对他们而言，"富裕"应该是能展示给所有人看的一种状态，在当地，鼓楼的壮观与否和该村是否富裕有着最直接的关系，鼓楼能最直观地向他人展示出该村的富裕程度，而让别人看到本村的富裕程度，对当地人而言是非常有面子的，这不仅是一种精神上的满足，在一些村际之间的公共事务上，有着富裕标志的村寨也会有更多发言权。

对侗家人而言，大多数娱乐活动都会在鼓楼内举行，每当有客来，大家便会着盛装出席，在鼓楼内弹琴唱歌，把客人邀请进鼓楼是对客人最热情的款待方式之一，大家在鼓楼内纵情欢歌，而双方的关系也会变得更加亲密。在这些村寨之间的交往交流中，鼓楼都充当着一个不可或缺的角色，不管是议事、预警还是娱乐活动，都是双方在交流，虽然交流的方式随着时代的变化而改变，但为了维护村寨和谐稳定发展的目的却是不变的。"吃相思"是邑扒村以及周围村寨一直保留的传统，但在笔者与该村村民的访谈过程中得知的一个故事却耐人寻味。

当时是别的村寨有个姑娘歌队来邑扒"吃相思"，姑娘来了想要在鼓楼唱歌吹牛，但是寨老不同意。三天之后姑娘们回去，按照我们这边的传统，村里的罗汉必须给姑娘们送一只羊。年轻人不愿意去送，让寨老送，最后寨老安排一个罗汉去送羊。但是其他罗汉就对这个罗汉讲："你要敢去送的话，这只羊你就自己出钱！"那个罗汉听了这个话，就不敢去送羊了。②

在侗族人的传统思想中，参加最盛大的仪式应该是对方男女歌队一起来，只有女歌队来是不够隆重的，这与侗族传统文化相左。按照邑扒村的交往惯例去接待，她们便不能被邀请进入鼓楼对歌闲聊；在她们离开的时候一

① 笔者于 2016 年 8 月在邑扒村田野调查访谈所得，相关资料现存于吉首大学历史与文化学院资料室。

② 笔者于 2016 年 8 月在邑扒村田野调查访谈所得，相关资料现存于吉首大学历史与文化学院资料室。

般性的回礼是送羊，但年轻人与寨老都不愿意去送。在这个事件里，鼓楼代表的是一种权力，在与其他村寨的交际往来中，如果对方没有给予本村寨最大的尊重，他们便会被限制进入这个意味着当地权威中心的地方，这也是一种向对方展示实力并树立本村寨地位的方式。但即使村寨之间有不和，却并不会影响他们之间相互"吃相思"的传统活动。前几年岜扒村村民和小黄打过架，但"吃相思"对方也来了。这不影响他们"吃相思"。和小黄打架，那时候虽然拿起了打鸟的火药枪，但打不死人，威力不大。①

由此可看出，在村际交往中，权力每时每刻都在运转着，在这些不同方式的交往交流中都可找到其踪迹。鼓楼处于一个权力运转的中心区域，整个村寨的形象以及权威都是通过鼓楼展现出来的。村民说道："你们村的鼓楼高大，你去外面，别个说起岜扒，你就觉得自己很有面子。"这也可以解释为何当地人即使生活并不富裕，但在鼓楼建设筹资上绝大多数人非常踊跃。

而值得一提的是，随着地方社会的发展以及与外界交流的增多，当地的旅游业发展迅速。笔者在岜扒村调查期间，几次遇见导游带着游客来参观村子。有一次在鼓楼边碰到导游带着两位外国游客在旁边游览拍照。和导游聊天时，他说道："我经常带外国人来这里，我就是这边的人，会讲侗话，英语也还可以。他们都是朋友介绍的，我嘛喜欢交朋友，这些外国人就喜欢这些房子啊建筑啊，还有村民穿的衣服，没见过嘛，觉得有意思。反正赚得也多，我就带他们到处逛一下，吃点这边的东西，他们就很开心。但说要了解这边的文化，这一下（指时间短）也了解不了什么，就是感受一下。"②

侗族现在迎客的整个过程不免带有商业化的成分，比如拦门时准备的雪碧以及饭菜的改良，整个流程是为了迎合游客的喜好，而参与其中的当地人都是有报酬的。由这种旅游业催生的迎客模式也是在传播当地的文化，这是传统文化向外输出的一条路径。同时更多的外界文化也被带到了当地，这是社会发展过程中无法避免的。但从另一方面看，迎客时虽然有为小孩准备雪碧，但传统的米酒文化却并未消失。在现代社会异域文化的冲击下，当地人

---

① 笔者于 2017 年 7 月在岜扒村田野调查访谈所得，相关资料现存于吉首大学历史与文化学院资料室。

② 笔者于 2015 年 8 月在岜扒村田野调查访谈所得，相关资料现存于吉首大学历史与文化学院资料室。

依旧在努力守住本民族的传统文化，而传统文化也正是吸引外来游客的重要因素。其实真正传统的迎客仪式比这个正式许多。据村民所言，传统的迎客仪式多是在本村与其他村寨互相做客的时候，村子里的人都会身着盛装吹着芦笙在寨门处举行拦门仪式。如果客人非常重要，村民还会放铁炮以示欢迎。让客人喝酒是必不可少的环节，如果客人同是侗家人，双方还会对歌。而招待客人的地方则是在鼓楼内或是鼓楼外的坪上，大家会提前把长桌拼接在一起，村子里每家每户都会拿出自家精心制作的美味或酿制的米酒，一起聚集到鼓楼处，共同享用美食，这是侗族传统的百家宴。

可见，无论是接待游客的仪式还是传统的侗族迎客仪式，许多活动都是在鼓楼里面或者周围开展的，这不仅因为鼓楼是一个非常重要的地标，是向其他村寨或游客展示本地文化的一个窗口，它还是一种权力的象征，在面对外地人时能给予本地人自信，因此无论时代如何发展，在与外界的交往交流中，鼓楼都是必不可少的存在。

侗族聚落立寨之后，与周围村寨对各种资源的争夺是不可避免的，鼓楼作为一种最直接的村寨象征，是村民凝聚力以及财力、人力强大的体现，村民在社区交往中，更需要团结一心来维持当地社会的平稳和谐。过去为了防御外敌入侵，村中的防御机制亦是简单实用——鼓楼建在村寨中心位置，房屋绕鼓楼而建，一有情况发生，山上的哨卡放铁炮，村子里的人便会立即去敲鼓楼里的鼓，给村民预警。而在日常生活中，鼓楼则充当了村民活动以及议事的场所。到了今天，鼓楼依旧在发挥着重要功能，村民的往来交际多是在鼓楼中进行，与村民的生活息息相关。

（四）鼓楼呈现的民间信仰

侗族乡民认为世间一切事物都是有灵魂的，花中有花神，树中有树神，河里也有河神。这是一种万物有灵的世界观。除此之外，他们还认为许多人造的事物在经过岁月的长时间打磨，也会拥有灵魂。例如鼓楼、风雨桥等，它们作为侗族传统建筑，早就被侗族人赋予了比建筑更多的含义。由于侗族人相信多神论，他们的日常行为也因此得到约束，他们一直坚信要尊重自然界中存在的万事万物，不能随意冒犯；而且在重要的日子里还会举行各种祭祀活动来保村寨平安，并为自己积下功德。

而这种观念与"天人合一"的思想不谋而合。"天人合一"思想是各民族在历史发展过程中对人与自然的和谐关系的深刻认识，是人类在与周围环境多年交往过程中的智慧结晶。季羡林认为"天人合一"是讲人与大自然合一，并且提道："东方的主导思想，由于其基础是综合的模式，主张与自然万物浑然一体。西方向大自然穷追猛打，暴烈索取。东方人对大自然的态度是同自然交朋友，了解自然，认识自然；在这个基础上再向自然有所索取。'天人合一'这个命题，就是这种态度在哲学上的凝练表述。"①

这种观念与思想深深影响着侗族人的行为举止，他们尊重自然，敬畏自然，认为他们当下所拥有的一切都是大自然的赠予，只有与自然和谐相处，这才是民族长久发展下去的基础。因此他们想出了各种各样的办法维护生态环境，例如"稻-鱼-鸭"农业生产模式便是其中之一。每年谷雨季节前后，侗族人民就开始育秧劳作，待秧苗长至一定高度时，再把糯禾秧苗插进稻田，同时放入鱼苗。待糯禾秧苗返青，鱼苗长到两三指长，再把鸭苗放入稻田。即根据水稻、鱼和鸭自身生长特点和规律，尽量选择适宜阶段，使稻、鱼、鸭和谐共生。② 在这个共生的过程中，稻田为鱼和鸭提供了丰富的饵料与优良的生存环境。据村民介绍，在稻花长出的时节，鱼在田间游动的过程中碰到稻秆，稻花落下被鱼食用，经过一段时间，鱼肉便也会带有稻花的香气，这便是侗族地区特有的稻花鱼。而鱼和鸭在田间觅食的过程中，不仅为稻田清除了害虫，使农药与除草剂等的使用率大大降低，另外鱼、鸭的粪便又成为糯稻的肥料，这种天然的有机肥对糯稻的生长大有益处。而鱼和鸭的来回游动也松活了水和土壤，提高了水质与土壤的肥力。稻-鱼-鸭共生模式不仅维护了当地的生态系统，也降低了种植与养殖成本，可谓一举多得。

在建造鼓楼的过程中也体现了当地人对自然的敬畏之心。鼓楼在建造之前的选址都是要经过多方考量的，其中风水先生的意见尤为重要。按照风水先生的说法，鼓楼"不能随意找个地方建，要看这个地方土地神是不是同意，如果没得到同意而乱动土的话，则会遭遇灾祸"。这是对土地的一种敬畏。

---

① 季羡林：《谈国学：季羡林自选集》，华艺出版社，2008，第11页。
② 张丹、闵庆文：《一种生态农业的样板——稻鱼鸭复合系统》，《世界环境》2011年第1期，第26~28页。

由于鼓楼是全杉木建造，建造一座鼓楼所使用的木头不是小数目，因此当地有不成文的规定：建造鼓楼或是其他建筑只砍伐成年的大树，而在砍伐之后还要在原处种上新的树苗。这样做能最大限度减少对生态系统的破坏。而建成后的鼓楼在侗族人看来也是有灵魂的，值得敬畏的，它是一个神圣的空间。在一些侗族地区，过去只有男性才能进入鼓楼，女性是不被允许的，因为早前女性的地位不如男性，让女性进入鼓楼对他们而言是对鼓楼的不尊重。即使现在，由于游客增多，进入鼓楼已不像从前一样严格；但游客在进入鼓楼之前，都要经历拦门，这是当地社会的交往规则。在这个过程中鼓楼内外是一种权力的界分：外界的人想要进入鼓楼，必须尊重当地的文化习俗，接受他们的交往规则，否则便没有进入鼓楼的权力。鼓楼的权威性在这里展露无遗。

鼓楼展现出的侗族民间信仰要素，是侗族村寨的传统社会秩序建构的代表。在侗族村寨中，还有其他的信仰体系。对于民间信仰的作用，法国人类学家涂尔干早有研究。民间信仰是传统社会秩序的重要支撑力量，"宗教明显是社会性的，宗教表现是表达集体实在的集体表现；仪式是在集合群体之中产生的行为方式，它们必定要激发、维持或重塑群体中的某些心理状态"。[1] 这里阐释了宗教信仰与其他社会事实之间的关系。鼓楼得以建成，很重要的原因之一乃是村民的共同信仰。家先是本家族的祖先，祖先崇拜是侗族信仰文化的重要组成部分，"祖先崇拜是一种以崇祀逝去祖先亡灵而祈求庇护为核心内容，由图腾崇拜、生殖崇拜、灵魂崇拜复合而成的原始宗教，是远古时代统协原始先民群体意志，有效地进行物质资料的生产和人类自身的生产的不可缺少的重要精神力量，在人类文明发展史上产生了极为广泛而深远的影响"。[2] 如今，祖先崇拜延续至今依然是侗族人民生活中不可缺少的一部分，是他们重要的民间信仰。其主要内容是通过一整套仪式来表达对祖先的怀念与敬仰，希望他们能保佑村民平安。在这个过程中，村民之间的感情更加密切，族群的认同感也得以加强。

在侗族民间信仰中，"萨"的信仰是该民族特有的信仰体系。"萨"在侗语

侗寨鼓楼

---

① 爱弥尔·涂尔干：《宗教生活的基本形式》，渠东、汲喆译，上海人民出版社，2006，第11页。

② 梅新林：《祖先崇拜起源论》，《民俗研究》1994年第4期，第70~75页。

中有"奶奶""婆婆"的意思，据村民所言，这种崇拜源自一个传说。中华人民共和国成立前侗族地区时常发生战争，当时侗族有一位女英雄叫杏妮，骁勇善战，曾带领侗族人民多次击退敌人，一次次保护着侗族村寨的平安。但最后一次却战败了，她躲进了一个龙塘，再无音信。战事结束后，村民几经寻找，杏妮却如消失了一般毫无踪迹。后来人们在她躲过的龙塘里发现了一块与杏妮神似的人形木头，大家普遍认为这是杏妮的化身。侗族人民为了感激她的付出，为她设立了一个祭堂，每逢重要日子都会举行祭萨仪式，现在主要是在大年初一、买牛后、斗牛之前、"吃相思"等娱乐活动时会祭祀，其中大年初一的祭祀活动是最隆重的。据村民描述，大年初一清晨七点左右，管理萨坛的家族会把祭祀所需的鱼、肉、糯米饭、酒、茶、香蜡以及纸钱准备好，另外还须备上三副碗筷与三个杯子。待到一切准备就绪，点上香蜡，烧上纸钱，放三个铁炮。然后该族的人先后喝三杯酒以及三杯茶，之后便会与其他姓氏中有地位的老人一起磕头拜萨，希望萨神能保佑村寨平安，农事上有个好收成。祭祀完毕，大家便会拿出准备好的饭菜一起享用。村民在祭祀过程中，家族的地位得到强化。笔者在该村采访时，由于当地的萨坛由石家管理，整个祭祀过程都是以石家为主导地位来展开，祭祀的准备工作以及点香蜡、烧纸钱都是由石家完成，即使在最后的用餐环节，也必须由石家的核心人物先动筷子，其他人才能享用饭菜。这个仪式体现了村民的认同感，主导仪式的个人与家族的地位在无形中得以巩固。

在侗族村落，直到现在"萨"崇拜仍是人们精神生活中非常重要的一部分，它的存在对当地人集体意识的塑造起到了巨大作用，它是侗族传统文化的生动表达，同时也传承和发扬了侗族传统文化。

另外，在侗族地区，侗族人民不仅信仰万物有灵，还有着独特的生死观念，他们认为"人有三魂七魄，即使肉体死亡，灵魂也会永生；死亡并不意味着一种结束，而是另一个新的开始"。因此侗家人并不害怕死亡，绝大多数人会怀着一种敬畏的心态来面对死亡。这种"转世观"强化了侗家人做好事、"积阴德"的观念。例如鼓楼建设所需要的人力、物力以及财力都是非常大的，而这从来阻挡不了侗家人建设鼓楼的热情，绝大多数村民在捐款捐物时都非常积极。这是因为侗家人相信乐捐是"功垂千秋之事，会留下阴德"，捐赠者"延寿延年，子孙荣昌"，做得越多越有福气，"能使现世寿命延长"或使孩子健康成长。① 在村落里，村民们都认为捐款是积功德的行为，这是做好事，能保佑后人。而且按照当地的传统，每当有鼓楼落成时，村民都会打石碑，捐款人的姓名会被刻在碑上，流芳百世。但下寨的新鼓楼建成时却由于资金不够并没有立碑。据寨老所言，当时是贴了告示的，这也是对村民的一种鼓励。村民在鼓楼建设中都非常踊跃，村民们的想法都差不多，即这是"积功德的表现"，对自己以及子孙后代都有益。特别是在高团村，每位村民捐了款之后都会有存根，存根上记载着捐款人及捐款数目，村民可以把自己的存根带走，去世的时候亲人把存根烧掉。传说"存根会随着主人被带到阴间，证明主人有功德，下辈子能投胎到富贵人家"。侗族人的这种"善有善报"的观念不仅满足了社会超我的正义与道德愿望，也维护了社会的和谐与秩序，实现了自我心灵建设与人文生境建设的和谐统一，不仅使鼓楼得以发展延续至今，也丰富了侗族人的精神生活。

（五）通道阳烂鼓楼

早在康熙年间（或乾隆年间），阳烂村就形成了一个侗族自然村落。康熙年间（或乾隆初年），阳烂村民建造了一个中心鼓楼。乾隆五十二年（1787年），又建造了河边鼓楼。这两座鼓楼成为阳烂村最显著的建筑标志。鼓楼属于多立柱榫卯间架结构的塔形建筑。自上而下身形似塔，是最典型的干栏建筑之一。中心鼓楼占地长 940 厘米、宽 810 厘米，总面积有 76.14 平方米。鼓楼有 49 平方米的青石板基础。鼓楼四根立柱中间是火塘（图 12-1），火塘是由四块各长 2.5 米，宽 0.5 厘米的长方形岩石板围砌而成。火塘内周围用河滩鹅卵石圈砌成花纹，形成周边高，中间低的鸡窝形大火塘。火塘周围有四块方形大岩石板。在火塘周围摆着宽大结实的长凳，可容纳几十人甚至上百人歇息或冬天在这里烤火聊天。以火塘为中心，形成左右两侧各为 250 厘米的侧栏和 177 厘米的前后栏。中心鼓楼开有一扇双合页门，从门上的"三王"门槌来看，侗族人称鼓楼门为"天地乾坤门"。

---

① 徐赣丽：《侗族的转世传说、灵魂观与积阴德习俗》，《文化遗产》2013 年第 5 期，第 53~60 页。

图 12-1　阳烂村鼓楼的火塘

　　河边鼓楼坐南朝北向，长 566 厘米，宽 503 厘米，实际占地面积为 24.2 平方米。鼓楼均为木质结构，属于多立柱榫卯间架式塔形建筑结构。自上而下形似塔，一层比一层大，中部是层层叠楼，故形成重檐结构。每层楼檐均延伸出翘角，形似白鹤展翅欲飞。侗族鼓楼多为塔式建筑，具有独特的侗族建筑风格。鼓楼上部为顶尖部分，顶尖为木质结构，有铁质桅杆，并套有从大到小排列的三个球体。顶盖为四边形，鼓楼顶棚覆盖青瓦或琉璃瓦，楼檐角突出翘起，附以龙凤、飞鸟泥塑，给人以玲珑雅致、如飞似跃的感觉。

　　鼓楼分为门楼、主楼、前楼和连接走廊四部分，门楼的二阙重檐式、双阙式立柱均用穿枋与主楼檐柱连接，且与走廊相连，组合成一个整体。门楼顶构成歇山式。主楼系三重檐歇山式顶，青草坡屋面，高 8.2 米，四根立柱的底部与尾部直径 0.4 米，以此来支撑第三层屋顶。十二根檐柱至第二层承接二檐挑枋，出挑檐翘角，从主立柱第二层用穿斗枋连接前楼，前楼两边缀有花刻式门齿、门牙，它用短木枋块塑造出张开牙齿的龙头红舌。在远处观看，有气吞山河之势，屹立于阳烂村的中心大门处，使整个鼓楼空间构造如回头龙首，正守护着阳烂村寨的大门。

　　侗族鼓楼内部结构基本相似，整个鼓楼的主体由立柱、栋梁、桁檩、瓜枋榫卯结构所构成（图 12-2）。阳烂村河边鼓楼里面形成一个正方形干栏榫卯间架结构，即正中间有四根大立柱；在四根大立柱周围附衬着八根大立柱，总共由十二根大立柱构成鼓楼内部整体结构，并形成一个类似《易经》中的八卦图形。侗族老人介绍：侗族鼓楼是由树木构成。鼓楼里面是一个干栏榫卯间架正方形结构，中间四根大立柱代表一年四季，或者是指四象；附衬的八根大立柱是指八卦方位，其他十二根立柱代表十二时辰或十二个月；二十四根立柱代表了整个宇宙天象，即一年四季的四象、八卦和十二时辰，它象征着宇宙自然循环的一年四季，象征着四时风调雨顺、五谷丰收和人丁兴旺、六畜繁盛。在鼓楼北门上方的四方门槌（高 8.88 厘米）上就画有乾坤二卦，侗族人称之为"三王

图 12-2　侗族鼓楼

乾坤"。实际上指的就是四门方位，即指西北、东南、西南、东北四隅八个方位。鼓楼的两扇大门是粗枋厚板，大枋结实、光滑且平整，严丝合缝；一门扇有十二个榫头，两扇门有二十四个榫头，是一年十二个月二十四个节气循环的象征。

个案应用分析。阳烂村河边鼓楼为南北朝向，鼓楼门龙上雕有花草、鳌鱼和龙凤，其用意就是补阴阳天地之不足，就像鼓楼中心的四根立柱，如同鳌足定立四极，来体现中心鼓楼坐西朝东与河边鼓楼坐南朝北的宇宙自然法则。《女娲补天》说："天地初不足，故女娲氏炼五彩石以补其阙，断鳌足以立四极。其后，共工氏与颛顼争帝，怒而触不周之山，折天柱，绝地维。故天后倾西北，日月星辰就焉，地不满东南，故百川水注焉。"[1]我们通过这个著名的神话故事就能清楚侗族鼓楼天地门和侗族民居大门上要安装一个门龙和一对门槌，其用意是阳烂村村民要通过门龙补地之不足，通过门槌补天之不足。

阳烂村河边鼓楼北门朝向正好有一条溪水从乾坤门前流过。鼓楼门规划朝向北方的入水口，把东南巽方作为出水口。实际上这种例子在汉族民居建筑和皇宫建筑中比较多见，例如明清北京城内的水系就是自西向北乾方积水潭的水关入口，自东南巽方的通汇河出口。而阳烂侗族建筑特别是鼓楼建筑

①　张华：《博物志全译》，贵州人民出版社，1992，第 15 页。

多为坐北向南向，民居住宅也多在东南巽方开设出水口，其道理非常简单：巽者，顺也，为求排水顺畅。不过水在侗族日常生活中有着十分重要的意义，由此看来，鼓楼设计者精通《易经》中的八卦，阳烂鼓楼与古代《易经》有着极为密切的联系，同时也说明阳烂先民们建筑鼓楼时是通过精心构思的。

侗族鼓楼建筑也是干栏建筑的一种类型，两者所用的尺寸却完全不同。很显然，攒尖式六角塔楼就不是用"三、三"干栏建筑形制，而是运用"五九归六方"来建造的。根据三角形勾股定理，攒式六角楼是由六个等边三角形组合而成，它每一个角都是 60 度，就是按照五九归六方的建筑形制结构原理建造而成的。攒尖式塔楼的内部结构与八角式楼的内部结构是相同的。它同样在六个角上确定一根柱子，通过围枋来连接，再在对角使用挑水枋和中心使用雷公柱作穿插斗拱，这样就构成了攒尖式六角楼的塔形建筑。侗族人通过放大与缩小的方法，解决重檐叠角的重大建筑设计与施工操作中的难点问题和重大施工问题。

然而，要建造鼓楼这样巨大的工程，面对繁杂的结构，侗族人竟不打一根铁钉，全部采用榫卯结构，木栓将大柱和衬柱、横梁等巧妙地穿合连接起来，而且扣合得天衣无缝，这就充分显示了侗族人民高超的建筑技术水平和独特的审美艺术情趣。侗族是一个喜居木楼的民族，他们离不开山，也离不开树，更离不开这一片生养自己的山地丛林。这种经济生活和居住环境，铸就了侗族"山地丛林文化"的绚丽特色。

拾叁

侗寨风雨桥

◇　风雨桥承载的观念

◇　风雨桥的营造

◇　风雨桥上的符号

在侗族聚居地，风雨桥是非常具有代表性的建筑物，它与侗族居民日常生活紧密相关，有着丰富的侗族文化内涵。从风雨桥的起源来看，风雨桥蕴含了侗族居民多神崇拜和天人合一的居住观念；从建桥技艺而言，侗族风雨桥是集亭、廊、桥于一身的建筑物，它集合了侗族鼓楼和"干栏式"民居的木结构工艺，代表侗族建筑艺术的最高水平；从建桥仪式而言，风雨桥将侗族居民崇拜祖先的神圣感与世俗观念融入同一个空间，仪式不仅有求神、娱神以及酬神的意义，还使侗族内部的团结得到强化，增强了侗族人民的自豪感。风雨桥不仅仅是一项建筑，更是一项文化事物，它与侗族的生境和文化氛围有着密切联系。侗族人视水源如财源，认为"有水即有财，从水流入口到水流出口，财源易受冲克，只有通过福桥来拦截村寨风水，财源才不会外流"，这样才能生活富裕。这对于福桥本身而言，不再是狭义的遮风挡雨、歇息纳凉，而是有着一种广义的为侗族人所特有的文化心理和社会历史文化现象。可以说，风雨桥已经成为一种物化的象征符号，其背后隐藏着丰富的含义。

（一）风雨桥承载的观念

侗族鼓楼往往与风雨桥相连，形成楼与桥辉映、楼与桥一体的艺术风格。这种格局显示了侗族人民高超的建筑技术和独特的审美艺术情趣，充分体现了侗家人民伟大的创造智慧。其实，风雨桥以前不叫"风雨桥"。在古代侗语中根本就没有"风雨桥""凉桥"或"花桥"之类的名词①，这些名词来自20世纪50年代的汉语习惯称谓。我们在阳烂村进行田野调查时，龙建云老人说"风雨桥"为"福桥"，侗语称之为 wuc jiuc。他说"福桥"才是侗语中的本名。本文统一采用"风雨桥"一名。

风雨桥是一种集桥、亭、廊三者为一体的独具民族风格的桥梁建筑。说它是一座桥，它犹如长龙，横跨两岸，既能为行人提供方便，又能"拦截一方风水"，象征着保护一方水土平安，给侗族人带来福气。因此，风雨桥如

---

① 吴能夫：《浅谈侗乡福桥（风雨桥）的名称含义及其特殊功能》，《贵州民族研究（季刊）》1993年第1期，第133~135页。

长龙屹立于水上，水至回环，有保护村寨的说法。我们说它是廊，因为它犹如颐和园的长廊，既能供行人避风挡雨，又能供行人遮阴避暑。它是亭，在长长的桥上建有如此长的长廊，犹如一座座宝塔。塔高三、五、七层不等，塔上飞檐重叠，在檐面和翘角上彩绘各种各样的鲜花绿草，千姿百态的鱼虾鸟兽，桥尾脊上还塑有各种各样的吉祥崇拜之物。这种把桥、楼、亭、房、塔、廊巧妙地有机结合在一起的风雨桥文化，是中华民族传统建筑艺术的瑰宝，是侗族人民社会生产实践智慧的结晶。

侗族村民认为风雨桥是龙的化身，是一种吉祥的象征。侗族村民用它作为拦截村寨风水的一道屏障，将其视为保护侗族村民的祥龙，以及侗族村民通向幸福光明大道的必由之路。一般认为风雨桥就是便于人们往来行走，交通方便，还供行人遮风避雨、歇息纳凉，这只是人们对风雨桥的一般实用功能的解释。但是人们并没把鼓楼与风雨桥有机地联系起来解释桥的文化现象，或者说根本就没有弄清楚侗族先民为什么要把风雨桥称之为"福桥"。据龙建云老人介绍，风雨桥就是用来"拦村寨、堵风水"的，先民把鼓楼与风雨桥这种庞大的楼桥建筑连成一个整体，主要是用来"护风水，镇邪煞，保村寨安全"。

侗族寨民依山傍水而居，然而他们认为不是每一个依山傍水的地方都适合居住，即使选择定居下来，也还要对其进行相应的改造。[①] 侗族人民选择定居的地方一般在溪边尽头或坝区，因为这里是山的"头"。对于任何一种动物而言，头部的重要性不言而喻，它是最具活力且最主要的地方。因此如果将聚落的定居点选择在山的"头"这个位置，能够让侗寨具有活力，进而使人口更加繁盛。不仅如此，山也要绵延不断，以此来表明其来源好；而且山上还应当有参天古树，树木常青象征着村寨其生命力更加长久。侗族聚落的定居点虽然依山傍水，但是如果周围环境不是槽形或圆形的盆地，盆地边缘没有山峦、山峰以及树木的话，还需要对其进一步改造。比如在山岭上栽满树木，在山垭口处修建凉亭。盆地中的河流虽然具有灌溉与排水的重要作用，能够为人造福，但是侗族人民认为河流也存在冲走人们钱财，给人带来不好

---

① 赵巧艳：《汉族风水理念对侗族住居文化影响广义阐释》，《广西民族师范学院学报》2015 年第 32 卷第 6 期，第 19~23 页。

影响的一面，因此需要在村寨的下方建一座风雨桥，用桥来防止河水将财富冲走，如此村寨就会变得逐渐富裕起来，而居住在这里的人民也会变得更加幸福，这就是侗族人民要建风雨桥的重要原因之一。

在当地有一个广为流传的民间传说："相传在阴阳两界的交汇之处有一条名为阴阳河的河流，而在河上有一座桥，世上的所有人，不论是生人还是死人，都需要走这座桥。人死后，则需要走这座桥去阴间；人要转世重生，则需要经过这座桥回到阳间。当先转世再生的人走上这座桥，而后转世再生的人不能挤上这座桥时，后者只好在桥旁自己搭一根杉木作为渡河的桥。"这和侗族人民相信有再生的说法不谋而合。

因此，桥对侗族人民来说是一种有别于其他民族观念的、特别的存在。侗族人民认为，每个人都可以有属于自己的桥，这里的桥可以是桥旁绑的小条木，可以是某座独木桥，可以是某座石桥，甚至是在自家门前放一块木板也可以算作自己的桥，由此侗族人民形成了特有的"敬桥节"，每年特定时期都需要去祭桥。笔者在坪坦乡进行田野调查时，就遇到了这样的祭桥仪式，具体内容将在后文详细描述。

坪坦乡的侗族人民认为，建好一座风雨桥后，必定会死人。初次听到这个说法时笔者也是大感不解：为什么修好桥就会死人呢？六十九岁的坪坦乡阳烂村村民吴祥跃给出了这样的答案："因为风雨桥不是一个死的物件，它是需要灵性的。而往生人的灵魂，会离开自己的躯体去守护风雨桥，风雨桥便有了灵性。"这样的说法类似于藏族每家都会有一位男性出家当和尚，以方便为家中超度亡灵一样。当风雨桥有了灵性，它也就具有了引渡人的灵魂从阳间去阴间，或从阴间到阳间的功能。侗族人民相信，人虽然总是会死去，但是人的灵魂却可以永远存在下去，甚至可以转世成为"再生人"。

在侗寨还流传有这样一个美丽动人的故事：古时候，一个小山寨只有十几户人家。山寨里有个小后生，名叫布卡，娶了一个妻子，名叫培冠。夫妻两人十分恩爱，几乎形影不离。每天两人干活回来，一个挑柴，一个担草；一个扛锄，一个牵牛，总是前后相随。一天早晨，河水突然猛往上涨。布卡夫妇急着去西山干活，同往寨前大河湾的小木桥走去。正当他们走到桥中心，忽然一阵风刮来，刮得布卡睁不开眼，妻子跌入河里。布卡睁开眼一看，妻子已被刮下河去了。就一头扎进水里，潜到河底。可是来回寻找了好几次，却不见妻子的踪迹。乡亲们得知消息，也纷纷前来帮布卡寻找妻子，找了半天工夫，还是找不到他的妻子。原来在河湾深处有只螃蟹精，把培冠卷进河底岩洞里去了。螃蟹精变成一个俊俏的后生，要培冠做他的老婆。培冠不依，还打了它一巴掌。螃蟹精马上露出凶相，威逼培冠。培冠大哭大骂，哭骂声在水底一阵阵传到上游的一条花龙耳里。这时风雨交加，浪涛滚滚，只见浪里有一条花龙，昂首东张西望。龙头向左望，浪往左打，左边山崩；龙头往右看，浪往右冲，右边岸裂。顷刻间，小木桥被波涛卷得无影无踪！可是花龙来到布卡所在的河滩边，龙头连点几下之后浪涛就平静了。随后，花龙在水面打了一个圈，向河底冲去。顿时，河底咕噜咕噜的响声不断传来，大漩涡一个接一个飞转不停……接着，从水里冒出一股黑烟，升到半空变作一团乌云。花龙也紧追着冲上半空，翻腾着身子，把黑云压了下来，终于压得它现出原形——原来是一只鼓楼顶一般大的黑螃蟹。黑螃蟹慌慌张张地逃跑，爬上崖壁三丈高。花龙到水里翻个跟头，龙尾一摆，又把螃蟹横扫下水来。这样连着几次，把螃蟹弄得筋疲力尽，摇摇晃晃爬向竹林，想借竹林挡住花龙。可是花龙一跃腾空，张口喷水，喷得竹林一片片倒塌下去。螃蟹又跌进河中。花龙紧紧追入水底后，浪涛翻腾着便顺河而下，这时再也看不见黑螃蟹露面了。后来，在离河湾不远处露出一块螃蟹形状的黑色大石头——这就是花龙把螃蟹精镇住的地方。这块大石头，后人称它为螃蟹石。河水平静后，人们听到对面河滩上有个女人叫唤的声音。布卡一看，那女人正是自己的妻子。当布卡游到妻子身边，她对布卡说："多亏花龙搭救啊！"大家才知道是花龙救了她，都很感激花龙。这时花龙往上游飞回去了，还向众人频频点头……

　　这件事让小山村沸腾了，也很快传遍了整个侗乡。大家把靠近水面的小木桥，改建成空中长廊式的大木桥，还在大桥的四根中柱上刻上花龙的图案，祝愿花龙福寿无疆、平安吉祥。后来，侗乡人大都把风雨桥建在溪流上，这不仅仅是给人们提供交通便利，且有镇邪和留财之意。

　　虽然都畏惧死亡，但因为有了风雨桥的引渡，侗族乡民在面对死亡时变得更加坦然。这也是侗族人民明明知道建桥会死人，但是仍然执着于建风雨桥的原因之一。还有个原因就是，和汉族一样，侗族认为修建风雨桥就是做善事，做善事的人能够获得功德，从而在死后灵魂升至上界，方可再次转世

侗寨风雨桥

为人；而做恶事的人死后就只能去下界了，来世投胎为畜，或者永远沦为鬼，无法转世再生。正是由于上述原因，才有了侗族人民积极建风雨桥的举动。

风雨桥之所以建在侗族村寨的下游，主要目的还是为了护佑侗寨、拦截风水。风雨桥的两边设置有栏和长凳以供过往行人休息，同时风雨桥也是重要的迎宾场所。[①] 每到夏天，热情好客的侗族人民还会在桥上施茶水，以供行人解暑解渴，此时长廊两壁上端绘制的那些神话故事彩画、各种历史人物也能供行人欣赏。作为侗寨艺术中的精品，说风雨桥是桥，是因为它既象征着护佑侗寨平安，给侗族人民带来福气，还象征着是"沟通阴阳"的桥梁，帮助逝者去阴间，帮助生者回到阳间。说风雨桥是廊，是因为它就像那画廊，不仅能帮助过往行人遮风挡雨，还能供过往行人休闲娱乐。说它是亭，是因为它不仅有亭塔功能，还有楼阁的妙用。这种将中华传统古建筑中的桥、廊、塔、楼、亭、阁、房融为一体并加以巧妙建构的风雨桥，的确不仅有着极高的艺术水准，也有着重要的现实作用，因而在侗族人民聚居区域的溪河或者旱地上都能看见风雨桥。

（二）风雨桥的营造

侗家人立寨总是依山而建，傍水而搭，这是侗族族群聚落居住的特点。在侗寨周围纵横交错的河流，总是环绕侗寨而去，人们出入侗寨便是面临河流。在侗乡众多的桥梁中，风雨桥建在侗寨边出出进进的主要道口位置，因此，风雨桥自然成了侗族村民重要的交通设施。鼓楼与风雨桥通常联结成一个有机的整体。风雨桥是由桥墩、桥身、桥廊、桥亭四大部分构成。这些构件的制作材料、制作要求和功能作用各异，但是分工有序且相互依赖，这样使亭廊相映，共同组成一个完美的整体。

阳烂侗寨的龙建云老人说："建鼓楼，必须建风雨桥，才能拦住村寨的风水，这样可以压煞免灾。"在侗族人心目中，鼓楼、风雨桥和村寨所处的地

---

① 刘洪波：《侗族风雨桥建造仪式——以广西三江侗族自治县龙吉风雨桥建造为例》，《文化学刊》2016年第63卷第1期，第174~177页。

形、地貌都与风水有关，说明风雨桥不再是一般意义上的风雨桥，而是侗族人对宇宙自然法则的信仰，对一种确定的宇宙模式和宇宙语言的表达，同时它也说明了一种生命意识的觉醒。阳烂村同其他侗族人一样修了一座风雨桥，在离村寨南面300多米处的阳烂河上，它就像一道彩虹横卧在阳烂河上。在桥的两侧附柱上装有遮风挡雨的木板，下端安装有护栏，桥屋立柱两边设有长凳，以供行人歇息纳凉，行人既感到安全，又觉得很美观。村寨地理条件不同、村寨人口数目不一、资金实力有强有弱，所修建的风雨桥的建筑格局也就不同。风雨桥形态各异，一般可以将风雨桥分为以下三种类型。

小型风雨桥。侗寨规模不大，人口数量不多，或者是地处偏僻的侗乡小寨，常常容易看到一些比较简易的小型风雨桥横卧在山寨河谷之间。因为溪谷比较窄小，所以没有桥墩，用几根较大的树横跨溪间，就是桥身，在桥的两头就是溪谷的两岸，都是通过人工修整变为平地的。将平地与桥身连接成三间楼亭，两头成为进出桥的重要通道。在数根巨树形成的桥身上，铺上较厚的横木板或者是横枋成为桥面横跨溪涧，同时也成为行人歇息的地方。这种桥面一般不是很长，只能容纳下四排三间的桥屋，而且每排的两端分别是一根立柱或两根立柱落地。因为中间是人们步行的过道，所以中立柱不落地，只能骑在横抬的楼枋上，再按中立柱两边的距离长短安排瓜枋数量，一般是左右各一个或两个，变成三柱两瓜或四瓜的小屋。它与干栏民居吊脚楼建筑的不同，主要表现在过间枋的地脚枋上，它是没有紧挨地面的，而是要离地面一尺左右安装的，变成供行人乘坐歇息的板凳枋。这种风雨桥设计简单，桥的屋脊没有龙凤戏珠的装饰，也没有桥亭的设计，它就像一座民居建筑的青瓦屋脊，在四方檐角没有翻卷板翘的制作。这种结构简单的风雨桥，是受地理环境影响而形成的；再加上寨子人少，资金缺乏，只为方便行人而造。桥屋虽然简陋，但其设置俱全，桥上中堂设有神龛、圣殿、祖祠；逢年过节或是农历每月初一、十五，侗民在这里同样烧香点烛，烟火缭绕，过往的行人鞠躬作揖，祭祀祖宗圣人，祝福村寨四季清静平安，祈祷村民家发财旺、万事如意顺心。在风雨桥两头立碑篆字、标榜刻文，记载了乐于捐钱建桥人士的名字，同时还刻着"回龙桥"的历史由来和人们衷心的祝愿。

中型风雨桥。这种风雨桥跨度比较大，一根大树跨不过去。一般要在溪河中间建造两至三个桥墩，将跨距缩小，再在桥墩上架起一层巨树，并用横枋把巨树连成一个整体的平面，在平面上铺上一层较厚的木板或木枋构成往来通行的桥身，要根据桥身的长度来确定桥廊的间数。这种中档类型的风雨桥一般是三至七间桥廊，再根据桥身的宽度来确定每排桥廊柱的距离，再按其水步来安排瓜柱数量。在短横枋上铺设板凳枋，以便供行人乘凉歇息。中型风雨桥中间用横梁抬楼枋承担不落地的中柱的压力，中柱两边安插两根瓜枋，其长度根据四瓜中间人行走廊的宽度来决定。风雨桥中间的跨度一般是三柱四瓜。

风雨桥桥廊的基本结构。两边由立柱、过间地脚枋、过间腰枋、过间枋和短横枋形成榫卯间架结构；楼桥顶盖中间是由横梁抬楼枋，檐下有短出水枋和过间枋，中间由立柱两边的下瓜枋和上瓜枋构成整个楼桥的主体结构。中型风雨桥的桥廊间数为奇数，中间那间的上面有三至五层的桥亭，桥亭一般呈四方形，有的成攒尖塔式格局。在楼桥两头有桥亭，有的没有桥亭，有桥亭的层数视中间桥亭层数来确定，一般中间要比两边的桥亭高，中间桥亭高耸显得气势雄伟，格外引人注目。如果中桥亭是五层，则两边桥亭就是三层。中间桥亭最底层为四方形，从第二层开始变为八角塔式格局，然后逐层缩小，最后以攒尖葫芦形收顶。三层桥亭相距虽然比较近，但其气势庄重，由于桥廊檐角翻翘多姿，层层相叠，显示出独特的艺术魅力。

大型风雨桥。大型风雨桥一般要具备以下三个主要条件：一是在建筑规模上比较大，桥的跨距比较长，桥面也比较宽；二是要有较高的建筑技术水平，要有精美的建筑艺术装饰；三是具有独特的建筑艺术风格，具有极大的使用功能。只有具备这三个条件，才能算是大型风雨桥。这样的风雨桥才是桥梁建筑艺术的典型，才是侗族建筑艺术的瑰宝。大型风雨桥在侗族地区并不多见，但是在每个乡或各个区域都有典型的大型风雨桥存在。皇土乡的普济桥、坪坦乡的回龙桥都被建筑专家们誉为"桥梁史上的活化石"。

不论是小型、中型还是大型风雨桥，通常由桥、塔、亭组成，其主要建筑用材为木料，仅靠凿榫衔接，横穿竖插，不用一钉一铆。比如坪坦乡回龙风雨桥，桥面铺设的是木板，桥两旁设置有栏和长凳，便于来往路人休息，最终呈现出长廊式的走道，犹如长龙。在长廊两壁上端，将各种历史人物雕刻其上，或者绘制一些神话故事彩画。[①] 风雨桥的桥梁由亭阁、长廊、木结构的桥身以及巨大的石墩组合而成。

除了石墩，其他结构全部为木结构，整个桥身也以巨木作为梁。又比如坪坦乡的永福风雨桥，整桥用的桥梁是倒梯形的木结构，用这样的桥梁来抬拱桥身，能够使风雨桥的受力点比较均衡。坪坦乡的观月桥，建在石桥墩上，其上的塔与亭有多层，每层檐角均会翘起，并雕龙绘凤，龙凤图案有的呈坐狮含宝，有的为鲤鱼跳滩，有的为丹凤朝阳等。塔与亭的顶端还有千年鹤、宝葫芦等吉祥物。风雨桥的棚顶除了盖有坚硬严实的瓦片，如果有木质表面裸露在外，也会涂上防腐桐油；桥墩底座用糯米水混合草木及水泥。因此风雨桥其坚固程度并不亚于石桥、铁桥，虽然历经风雨，依然横跨溪河，傲立苍穹，延续二三百年而不损。

桥墩是风雨桥的根基。桥基脚一般最好是在岩石上生根，从基底的岩石开始，均用大青石垒起来，再将岩缝用石灰泥浆（现代会使用水泥）将缝弥合，使之形成一个牢固的整体。桥墩一般分为六面形和五面形两种：六面形的桥墩上下均成锐角，五面形桥墩上游方向成锐角，主要是为了减少急流对桥墩的冲击作用。桥墩上窄下宽，收小的比例为8%左右为宜，这样显得结实自然。桥墩数量的多少，要以巨树桥身的长度来确定，但一般最大的跨径不得超过10米。

桥身是风雨桥的主体躯干，是支撑桥梁重量的"臂膀"。桥身一般通过三种方式连接。第一种连接方式：采用双层式相叠的桥身。这种桥身是因为桥墩之间的距离比较远，一根巨树的横截面受力有限，因此采用这种双层施工方法。第一层架设桥身的巨树中心力点在桥墩上，两端伸臂悬空难以合拢，中间有一定的空距；第二层巨树是在横架上接通合拢，变成平面相连的整体平面，再在平面上铺架横板、横枋，人们才能从桥廊上走过去。第二种连接方式：采用多层相叠的桥身。这种桥身是在简单或双层桥身的基础上发展演变而来。因为桥墩之间的距离太远，所以需要三层以上的巨树才能把中间的空距架通，变成一个相互连接的整体平面。桥身每层逐渐伸长，空间距离逐

① 刘洪波：《侗族风雨桥建筑营造技艺及其文化来源探析》，《西安建筑科技大学学报（社会科学版）》2016年第35卷第2期，第67~70页。

渐缩短，到了最后一层才能合拢接通，架设横板、横枋，形成人们来往的桥廊。第三种连接方式：用大鹅卵石弹压伸臂的桥身。这种桥身的修建方式更为独特罕见。在侗乡不计其数的风雨桥中，只有坪坦乡的普济桥采用这种方法建成。桥梁专家介绍，此桥为目前仅有的"实物木拱桥"，是我国桥梁史上的"活化石"。

桥廊是人们来往通行的走廊，是风雨桥建筑中的主要构件，其中包括桥板、桥檐屋架。桥檐屋架构件比较复杂，有桥柱、桥凳、桥门、桥栏杆、桥枋和桥檐等。其中桥柱是构成桥屋的主体，高矮不同、大小不同，柱、梁、枋、杵、檩纵横交错，与大小不一的瓜枋、榫卯衔接来组成长长的桥廊。两边有木凳，以供行人歇息。桥板既是桥廊的地面，也是承受桥柱负荷的基础，因此，将优质、粗大的老油杉树锯成的木板铺在巨树架成的伸臂梁上。在桥廊上装上各种各样的栏杆，以保护行人的安全，有的地方如占有村将板壁称为"柏枋"，以避风挡雨；有的还在两边配有下檐，以遮飘雨，防止浸湿桥身，设计周全，结构完整合理。

桥亭是风雨桥建筑中的一组构件。它的空间结构是否得体，直接关系到这座风雨桥的建筑艺术效果。因此，侗族村民建筑桥的重心往往是放在桥亭设计上。桥亭设计一般有以下三种形式。第一种为殿形结构式：四方歇山式殿形。殿形桥亭是在桥廊中间设计有桥亭，通过构成四方桥柱，用抬梁的方式，再逐层缩小四方形的空间，最后形成歇山顶式梁盖顶。最下层是最大的四方檐面，靠桥廊的四根柱子来承托。通过第一抬梁组成四方形，四根第一半柱分别骑在第一抬梁枋上，形成第一层四方倒水的檐面；运用相同的方法组成第二层、第三层檐面。在最后一层形成歇山顶式的四方倒水形状，遮盖整个梁顶。这种桥亭抬梁枋长的部分直接伸出去变成出水挑枋。如果抬梁伸臂不够长，可以利用建筑结构力学的杠杆原理，在抬梁枋下加插一条枋延伸出去，作为出水挑枋的悬臂支撑，这样使整个间架通过短枋和抬梁枋拉稳形成一个坚固的四方整体。第二种是塔形结构式：六角或八角攒尖塔式。塔形桥亭是在其中心位置竖一根粗大的雷公柱，这根雷公柱骑在交叉成十字形的抬梁枋中间的"十"字位置上，而这种抬梁枋完全是依靠桥廊立柱大枋来支撑承托。也就是说，所有梁枋都是以雷公柱为中心，以桥廊四柱为基础。这种桥亭结构是从四面八方伸出出水挑枋，一端固定在雷公柱上，而另一端穿过半柱瓜枋，将此延伸开去为出水挑枋；再从下至上，层层缩小，每一层的半柱瓜由围枋穿连组合得相当紧凑，形成一种重叠的密檐，组成第一层六角或八角形的檐面，以至逐层缩小，最后以攒尖塔式收顶，这就是所谓"塔式桥亭"。这是一种楼上建楼的桥廊式传统建筑结构。第三种是殿形与塔形混合结构式，指殿形结构与塔形结构混合式：这是一种集殿形和塔形于一体，由桥、廊、亭组成的复合式整体结构，最底层是四方殿形，下面三层是以雷公柱构成四方殿形的檐面；第四层开始由雷公柱转换成六方或八方的攒尖塔式收顶，一层一层逐渐变成塔形收顶。这种桥亭既有四方殿形的建筑工艺，又结合了六角或八角的塔形建筑特色，构成侗寨风雨桥上亭廊空间结构的独特艺术风格。

　　无论是哪一种形式的桥亭，桥亭的个数是奇数，桥亭层数也是奇数，桥廊间数也必须是奇数。一般风雨桥上中间的桥亭的整体要比两边的桥亭高一些，一般高出两层，中间桥、亭、廊常常采用塔形结构式或殿形结构式混合建筑，最后形成一种亭阁式建筑格局。在两边对称的桥亭一般是殿形结构式。如果有五至七座桥亭的话，相对称的中间桥亭就要采用四方殿形结构式，或采用混合式塔形结构。这就是侗族文化在干栏建筑上的具体体现。长长的桥廊，就像一条长龙横卧在宽阔的溪河峡谷中。亭廊的柱间设有栏杆、坐凳，栏杆外出挑水檐，外形凹凸呈八字形。桥亭相互对称，歇山顶式的屋脊、攒尖式的葫芦屋顶，远远看去，高挑角翘、重檐叠角、重瓴联阁、飞檐多姿，充分展示了侗族匠人的精美设计水平和独特的民族艺术精神。

　　在楼桥亭廊的檐面上绘有各种各样的名贵花草、珍稀树木和鸟兽虫鱼，绘得活灵活现，栩栩如生。在屋檐脊角上雕塑有双龙戏珠、双凤朝阳、金鸡斗架、鱼虾游水、龙狮镇鳌和蜻蜓倒立等艺术形象，也是十分优美，具有很高的艺术价值和观赏价值。特别是在攒尖葫芦宝顶上的泥塑仙鹤，能随风而转动，迎风鸣叫，声光交映，真实动人。

　　风雨桥亭廊屋顶上面盖的是普通青瓦，亭廊两边安有木枋板凳，既是避风挡雨、遮阴避暑的场所，又是歇息休闲娱乐的好地方。桥楼建在交通要道，除了方便本寨子人出入，还有外地行人通过此处，若遇上狂风暴雨或是烈日暴晒时，桥、亭、廊变成外地客人临时的栖息之地。人们劳动疲惫或是过路行人疲惫之时，都可以在此乘凉歇脚，也可躺在凳上闭目养神。有时侗寨之间的少男少女在相互往来活动中，风雨桥上的亭廊又成了他们谈情说爱的好地方，成了青年男女行歌坐月的场所。现在一些中老年人早晚提着画眉鸟笼，三个一群五个一伙地在桥上逗鸟取乐。村寨里面的歌手，提着牛腿琴或揣着三弦琵琶来到桥头尽情地歌唱，风雨桥如今成了人们休闲娱乐的好场所。

（三）风雨桥上的符号

在侗族地区的风雨桥，其桥体有大量的屋檐重叠、刻意的装饰，以及通身的彩画，因此也称为"花桥"①。侗族风雨桥一般以大青石作为桥墩，桥身则主要由杉木打造。整个桥体包括桥梁、桥廊和桥亭三个部分。笔者从在坪坦乡的调查和测量中了解到，风雨桥的长度普遍为五十到六十米左右，宽度为四到五米。桥台上部为长廊，长廊中大多绘有大量以神话故事、历史故事、花草为主题的五彩绘画，不仅使风雨桥的美感大幅度提升，同时还使桥的艺术价值进一步提升。另外，侗族风雨桥上还有对联、匾额以及题词等，既体现了侗族的传统艺术，又发挥了桥的基本功能及用途。

以坪坦乡回福桥为例，回福桥中共有多个廊间，每个廊中间都绘了大量的彩绘图案。第一廊中所绘的是杜鹃花、油茶花等侗族聚居地常见的花卉。第二廊中绘制了一条龙与一只螃蟹，关于这个图案笔者采访了坪坦乡阳烂村龙开玉老书记，龙老书记说："这个图案来源于我们侗族流传很广的一个神话故事。相传在远古时候，侗民还很少，住在一个小寨子里，寨前的河流上有一座桥。有一天，当一个美丽的侗族姑娘过河时，一只黑色的螃蟹精来抢夺她。是一条大龙勇斗螃蟹精，帮助姑娘脱险。从此以后，修建风雨桥都喜欢绘上龙纹，有镇桥的作用。"这样的神话故事反映了侗族先民奇幻的想象力和对自然界神灵的崇拜。第三廊中绘制了一群穿着侗族传统服饰的侗民和一头牛，这里描绘的是侗族传统竞技活动斗牛。侗族人民对斗牛的热爱由来已久，在黔东南从江县占里村进行田野调查时，笔者采访过一位被雇佣来专门饲养斗牛的寨民。据他所说，这头斗牛是寨民们集资 20 余万元买回来的，他每天的工作就是按时来给斗牛喂草料，傍晚牵它出来散步，带它去河中洗澡，有时还带去鼓楼旁听听戏。可见，斗牛在寨民心中有多么重要的地位。

① 陆安权：《侗乡风雨桥》，《湖南现代道路交通》1999 年第 5 期，第 48 页。

第四廊中，所绘的是侗族青年男女在树下唱歌，这里描写的是侗族极具浪漫色彩的行歌坐月场景。行歌坐月是侗族青年男女间特有的一种表达爱恋的活动形式，青年男女在一天的劳作后，三五成群相约山前树下互唱情歌，吐露爱意。第五廊中，所绘的是侗族妇女们在用纺车纺织。侗族传统服饰所用的布料都是自家纺纱、织布、染色制作而成，体现了侗族人民高超的技艺和辛勤劳作的品格。回福桥上的这些图案符号刻画了侗族人民日常的娱乐和生产活动场景，不仅记录了侗民族自身的民族记忆，也将这种浓郁的侗文化特色形象向外界传达。

又如城步苗族自治县回龙桥中间有一座三层的塔形楼阁，楼阁的柱子、横枋以及板壁上雕饰了大量的飞龙、凤凰、麒麟等图案，异彩纷呈；同时还有大量表现侗乡风情的图案。这些图案具有浓厚的生活气息，令人印象深刻。溆浦县万寿桥桥亭中部设置了高约4米的重檐六角攒尖顶的塔阁，阁内的藻井上也绘有大量的山水、花鸟，将当地的民族风情充分地展现出来，从历史、生产方式等多个角度刻画了侗族文化元素，这些文化元素具有深刻的象征意义，是侗族先民在长期劳作和世代生活中所形成的智慧结晶，具有非常重要的历史价值。

侗族是一个热情好客且能歌善舞的民族，认为"饭养身，歌养心"，有着事事以歌对答，以舞寻偶的传统。笔者前往坪坦乡进行正式田野调查之前，就曾随学校考察队去过坪坦乡参加活动，第一印象便是侗民们唱着哆耶，载歌载舞，端着拦门酒热热闹闹地在风雨桥前等待着我们。他们所唱的歌中，有单声部的"小歌"、多声部的"大歌"，伴奏用的是独具侗族特色的芦笙、琵琶、牛腿琴等，这些都是风雨桥上的声音符号。

侗族"小歌"是相对于"大歌"而言的，侗族小歌非常柔美舒缓，采用吟唱的形式，多用于抒发细腻的感情。这种小歌一般是劳作之余，青年男女坐在风雨桥上对唱，表达爱恋之情，歌词主题主要为描述内心所思所想等。

风雨桥上飘荡的最有名也最独特的声音符号是侗族大歌，同时在国际民间艺术中也具有极大的影响力。侗族大歌中采用了一种独特的音乐形式，那就是侗族独有的复调式多声部合唱，这在世界范围内的民间艺术中都十分少见，具有很高的研究价值。每当有贵客到寨子，侗族歌者们就会聚集在风雨桥前，端着拦门酒，唱着大歌欢迎客人，这种欢乐的气氛和热情优美的歌声久久回响在耳旁，让人记忆深刻。

　　擅长唱大歌的坪坦乡阳烂村村民龙玉克告诉笔者，侗族大歌队伍最少由5人组成，作为侗族地区多样民俗活动的中心内容，大歌一般在侗民活动的中心地域，即风雨桥桥头或鼓楼内进行集体演唱，有时也为对唱形式。侗族大歌按其风格、旋律、内容、演唱方式及民间习惯分四大类：其一，"嘎所"（直译为"声音大歌"），旋律磅礴跌宕，如《嘎银潭》和《嘎高顺贵州》等，并因其典型的旋律方式成为特有的声音符号。其二，"嘎嘛"（直译为柔声大歌），多为抒情歌，如《装呆傻》等。其三，"嘎想"（伦理大歌），这是一种以劝诫为主要内容的大歌歌种，如《父母恩情歌》《单身歌》等。其四，"嘎吉"（叙事大歌）以民间传说和神话故事为主线，大多深沉又忧郁，歌词较长，多以侗寨内故事主人翁的名字命名，如《董之歌》《美倒之歌》。侗族大歌已经不再是一种简单的音乐形式，它更是外人了解侗族文化的重要窗口之一，这些声音符号中包含了侗族的社会结构、社会关系、传统文化等重要内容（图13-1）。

图13-1　侗族孩子们在风雨桥上学唱侗歌

　　侗族芦笙吹出的声音清脆响亮、浑厚悦耳；而大琵琶的音色柔和低沉，小琵琶的则明亮甜美；牛腿琴（图13-2）在侗语中称"果吉"，因形似牛腿而得名，其音色柔细。这三种乐器常作为大歌或舞蹈的伴奏，是侗族声音符号中最常见的元素。

图 13-2　笔者请侗族工匠制作的牛腿琴

但随着社会的发展，现代文化以及外来文化给这些传统艺术带来不小的冲击。剖析风雨桥空间活动中存在的声音符号，对保护和传承侗族民间艺术，促进侗族地区的文化建设和构建和谐社会具有重大推动作用。

一般认为，村寨溪河是鸭鹅经常栖息之地，具有较强的生气，因此选此作为风雨桥的基址。在侗族人民的传统思想观念中，风雨桥"能够将河流所截断的两岸龙脉相互连接，并能留住水流所带来的福气和财气"。因此，风雨桥的选址通常会在村寨所依河流的下游河段。侗民还会在认为需要用风雨桥来承接或拦截风水的地方也修风雨桥，这些地方可能根本不在流水处，由此出现了很多建造在旱地之上的风雨桥。例如从江县岜扒侗寨门前，就建造了这样一座旱地上的风雨桥（图13-3），形成了一个独特的地理符号。

除了村头寨尾，当地对建风雨桥的具体方位也非常有讲究，不是随意为之。当地在建筑之前，寨老和地理先生要察看地势，选准一个"能够承接人气和财富，并且将人气和财气守在整个村寨之中不往外泄露"的地方修桥，这样才能"保佑村寨人丁兴旺、风调雨顺"。在"埂以卫局，桥利往来，处置得宜，亦足以固一方之元气"的风水观念的影响下，风雨桥的地理符号有了更多的文化功能和内涵。

规约刚刚出现的时候仅仅是某一个村寨对某一特定事物的公共约定。比

图 13-3　黔东南从江县岜扒风雨桥

如"防火公约"等，这一类公约主要以汉字的形式在木牌上书写出来，然后将木牌挂在风雨桥或者寨门上进行宣传，以促使整个村寨的人能够共同遵守。20 世纪 80 年代，部分偏远村寨以村或乡为独立单位实行自治，从而确保生活秩序的正常稳定。他们创造出一种与约法款类似的民间规约，并将其称作"乡规民约"①。

重要的乡村规约一般悬挂在侗民视为生活中心场所的风雨桥上，成了风雨桥的规约符号。笔者在世界人口文化之乡从江县占里侗寨进行田野调查时，就发现了这样的风雨桥规约符号。规约第一条上就明确写着："不准多生，夫妻只生两个好，多生者不娶其女做媳妇，不嫁其子为妻。使其男孤女单，自感羞耻。严重多生驱出寨门。"对寨民们来说，逐出寨门将无家可归，无根可依，是非常严厉的惩罚。也正是这种悬挂在寨民日常生活中心场所风雨桥上的规约符号，才时刻警示和约束着占里村村民，才使这里形成了独特的生育文化。

风雨桥形成了自己独特的建筑符号，现在提起风雨桥，人们都能想到它独特的样子，即由廊亭、跨桥和墩台三部分组成。

以坪坦乡中的永福桥为例，廊亭属于木质结构，采用凿眼和样枋结合的方式，直穿斜套，相互连接，成为一个非常严密的整体。廊亭通过栏杆和坐

---

①　廖君湘：《侗族"款约"习惯法浅证》，《船山学刊》2006 年第 4 期，第 73~75 页。

凳与桥廊连接，非常巧妙地实现了功能与结构的结合。栏杆外部设置有腰檐，不仅体现了桥体结构的整体性，同时还对桥面产生了一定的保护作用，使其不会遭到太阳的暴晒和雨水的侵蚀。跨桥一般采用密布式悬臂托架简支梁结构，也属于木构架体系。桥墩上则设有两排托架梁，在墩台上采用悬臂托架对桥跨主体形成支撑。永福桥的墩台部分采用青石垒砌而成，非常坚固耐用。整座大桥不采用任何粉饰，其木石本色显露无遗，典雅大方，也充分体现了侗族人淳朴的民风。风雨桥通过力学平衡和杠杆原理构建出一个整体，通过挂枋和大小条木，凿通孔眼，以榫衔接，形成了非常精密的结构，充分表现出侗族人民高超的建筑技艺，其精妙绝伦的木石建筑结构在中国桥梁史乃至整个世界桥梁史中也是独树一帜（图13-4）。

图13-4　坪坦乡永福桥上的榫卯建筑符号

除此之外，桥上的许多建筑符号都能体现侗族的文化渊源。例如，风雨桥顶上多有一排宝葫芦造型，这与侗文化在形成过程中受佛教影响有关，宝葫芦造型由佛教宝塔造型演变而来，代表侗民驱除邪恶保佑平安的美好愿景（图13-5）。

图 13-5　从江县占里村风雨桥上的宝葫芦建筑符号

　　侗族村寨会把修建风雨桥看成是一次非常重大的集体活动，从奠基到落成，整个过程中会安排大量仪式。

　　风雨桥在确定建筑基址之后，需要举行建桥的奠基仪式，即在垒砌墩台之前需要举行奠基仪式。具体流程如下：村寨内的老人共同商议并请来鬼师，共同选择良辰吉日，备好猪头、鸡、草鱼、禾把、酒杯以及筷子等祭品，并将祭品摆放在祭坛上。鬼师倒酒上香，念诵祭文向神灵祈祷。然后放一串鞭炮，之后再由村寨中最年长的老人垒砌第一块石头进行奠基。在奠基过程中，需要将一些象征吉祥的物件摆放在桥中墩基脚的位置，从而祈求桥梁顺利修建，长期安全稳固。

　　侗族风雨桥桥面部分集合了全部的侗族木艺，不需要铁钉连接固定，仅仅依靠梁柱木枋等构件进行榫接，形成主要框架。在风雨桥的主体框架建成之后需要举行上梁仪式。鬼师杨老先生讲述："上梁仪式是风雨桥建筑中最隆重而且非常复杂的一种仪式。因为在我们侗民眼中，梁是最重要、最神圣的部分。"具体流程如下：上梁在搭建好木架构主体结构之后进行。梁木要从双生杉木中选择较大的一根，砍伐后马上加工，去皮之后，将"国泰民安、风调雨顺"八个大字书写其上，并刻上上梁日期。再将两枚铜钱和一枚硬币钉入梁木中间，然后用红布包好，并绑上新的狼毫笔、墨块、砚、日历本和一双椿木筷子，系上针线女红，系上吉祥花谷穗，最后由墨师进行祭拜并蘸上公鸡血。这里的铜钱或硬币主要代表了招财进宝，狼毫笔与墨砚则代表读书人，而筷子与谷穗则代表丰衣足食。在将这些东西绑好之后，用绳索将梁木的两头系好，然后在上梁的过程中通过绳索将梁木拉上架顶。

在安装好梁木之后，需要举行踩梁仪式。踩梁仪式通常也由墨师来完成。具体流程如下：将两块木板分别安装在梁木的两侧，方便墨师从梁的一头走向另一头。踩梁师傅每走一步都需要说一句吉祥的话。由于上梁时整个村寨的男女老幼都会观看，因此师傅每说一句吉祥话，群众都要呼应，鼓掌欢呼。在鞭炮声中，师傅从架顶撒下提前准备好的各类糖果，围观的人纷纷捡拾。侗族人民认为这是在抢吉利，他们认为踩梁师傅是大梁的使者，通过踩梁，踩梁师傅将大梁的祝福传递给人们。

风雨桥建成之后需要举行踩桥仪式，这是一种竣工仪式。如阳烂村风雨桥完工时，泥瓦匠杨彦江在桥的屋脊两头，用石灰砂浆和纸筋塑造了两条各朝南北向腾空而去的飞龙，栩栩如生。远远望去，犹如飞龙在天，恰似从天而降，横卧在阳烂河上，真是令人叹为观止。为了确保阳烂村吉祥平安，村民们在梁枋木板上悬挂由侗家妇女们用五色丝线和红白色鸡毛精心编织而成的一串串三角形吉祥花苞，赐给宇宙神灵，也祭祀这一片生养他们的土地神灵，以保村寨人丁兴旺、六畜繁盛，这是村民们祈求天地神灵赐福于阳烂村村民，四季发财、生活幸福的良好愿望。具体流程如下：在桥梁的两头出口位置系上红布，举行落场庆典时再拆除。由鬼师在桥梁上设置好祭坛，祭拜神灵，之后由村寨中德高望重的老者带领其余六十岁以上的老人，身穿百鸟衣踏上桥头。百鸟衣上绣了仙鹤与凤凰。老人们走过桥时，表示"引领仙鹤与凤凰飞上桥头"。老人们走到桥梁中间祭坛位置时，带头的老者便开始高声朗诵踩桥祝词。这些祝词都是一些吉祥的话语，每走一步，念诵一句，并放下一枚硬币。后面的老人则需要在领头老者念诵完祝词之后将硬币与祭坛设置时摆放的物件捡起来，并跟随领头老者通过桥梁。风雨桥是一种集神圣与世俗为一体的特殊空间，通过一系列仪式，侗族人民直接参与整个过程，心理上得到满足，促进了村寨内部的团结。

风雨桥在当地侗民的心中扮演着重要角色，参与了侗族乡民社会的构建，其中的文化构建已渗透到侗族人民的生活中，从而规范着侗族人民的日常行为及生活方式。风雨桥作为一种建筑形式，体现的是侗族人民对生活的不同看法，对自我认知的外在表现和侗族人民朴素的生活观。历史上留存下来的风雨桥乃至其中的构件均体现了该民族积极向上的文化心态。

风雨桥的祭祀活动，体现了人们的祖先崇拜和报恩观念，既有自然对人的作用，又有人对自然的移情投射，体现了村民寻求精神庇护和与大自然和谐相处的观念①。在古代社会，侗族人民将周围生活的一切都赋予了神性，侗族人民有豁达的生死观，因对周围的一切都赋予了神性，也就会有对自然的尊重，人与自然也就处于一种和谐状态。风雨桥里的祭祀，并不针对专门的神灵，祭祀的形式也很多，祭祀体现了侗族人民的天人合一思想。求子、求福、求平安、求财富、求丰收都是人们对风雨桥的寄托。风雨桥里的祭祀还包含了侗族人民对河的祭祀，在建桥之时，人们都要祭河，以保佑侗族人民的平安；在上梁之时，人们也要祭梁，以保佑桥梁的坚固；风雨桥完工之时，人们要祭桥，以保佑风雨桥坚固耐用。

侗族建风雨桥，就是希望给神灵提供方便，希望把神灵迎回家中，神灵可以与人们共同生活，也可以给人们的生活带来福音。在万物有灵论的古代社会，桥作为一种大型的公共建筑，自然被赋予超出桥自身所具有的神秘属性。风雨桥扼水口要冲，在溪流之间，风雨桥的桥亭内设有神龛，供奉关圣大帝、文昌大帝、始祖等各路神仙。在当地人心中，风雨桥作为一个"人神交流的神圣场所"，超越了生死界限。在侗族人民的心中，风雨桥不仅能够避风遮雨，而且能够"阻挡及解除民众因鬼神作怪而带来的苦难"，故风雨桥不仅是人和神灵交流的纽带，也是侗族人民通过难关走向通途的象征。风雨桥在侗族人民的心中是一座生命之桥，具有超越生死、祈祷生命延续的作用。

① 龙朝晖：《侗寨风雨桥中的祭祀舞蹈考察》，《大众文艺》2010 年第 23 期，第 188~189 页。

后　记

人类的居所是人类文化的创造物，它不仅是人类生儿育女、遮风避雨、储存食物的场所，更重要的是人类获得尊严的地方。人类是有尊严的动物，人类的尊严会在生活的各个方面直接或间接地体现出来，即人类在活动的各个场所直接或间接地获得这样的尊严。居所，便是人类体现尊严的地方，也是人类获得尊严的地方。因为居所展现的是一个文化事实体系。这样的文化事实体系，有别于任何其他动物的"住所"建构。它是人类构造物最直接服务于自己的产物。这样的产物展现出人类文明的程度与进程。人类的尊严就是在这样的文明进程中不断地被培植与构造出来的。于是，居所与人类尊严有着必然的联系。我们通过对人类居所的解读，以理解人类尊严的价值与意义。

首先，要了解特定文化事实体系中的居所观念与人们尊严获得的关系。人类的文化是指导人类生存发展延续的人为信息体系。在这一信息体系的作用下，处于不同历史过程，面对不同的生态环境和族群交往关系，其所构造出来的文化事实体系是各不相同的。居所的建构，就是其中一个特定的文化事实。乡村社会，人们劳作在野外，而一旦劳作结束就回归到居所，居所成为乡民生存发展的最重要的组成部分。这里，我们需要对人类住房建筑进行通盘的认识，需要把人类不同文化共同体的住房建筑历史列入一个菜单。通过其演变的历史，我们可以了解到人类居所是人类尊严的象征，是人类获得尊严的体现，也是人类活出尊严的标志。

其次，尊严是一种价值判断，而居所最直接的功能就是让人体"舒适"。为了人体的舒适，不同民族在应对所处的生存环境时建造出了不同样式的住房。居所以"舒适""方便"为基本出发点，充分利用当地的特产资源，在当代技术的处理下，建构出体现当地文化的住屋，同时通过文化的体现培植起乡村百姓的尊严。如：使人们在人体的舒适中凸显其尊严，也从居所的样式中获得认同，从而获得尊严与自信。

在上述对聚落居所认识的基础上，或者是在上述观念的支配下，我们系统地开展了对生息在武陵山区的苗族、土家族、侗族、汉族等民族的居处习俗的田野调查。可以说，本著作是在田野调查的基础上完成的。其中，笔者负责湘黔桂边区侗族住处习俗的调查，吴俊硕士以及 2015 级吉首大学历史系专业的本科生参与了怀化荆坪古村的文化调查，陈春花负责腊尔山地区苗族传统住屋的田野调查，何治民负责土家族居处习俗的调查。我们经过两年的田野调查，获得了比较丰富的田野调查资料。笔者组织了多次的小型会议讨论，何治民博士给予了很多有益的修改建议，并负责了文稿的全面校对。在出版的过程中得到了湖南大学出版社祝世英老师的精心安排与出版规范的指导。在此特表感谢。

我们把这种以田野资料为基础而形成的论著奉献给读者，就是希望读者能够提出宝贵意见，以便我们不断修订与完善。

罗康隆

2020 年 11 月 25 日 于三泉书院